Ulf Waldenmaier

Berechnung der Verbrennung in schwerölbetriebenen Großdieselmotoren

Ulf Waldenmaier

Berechnung der Verbrennung in schwerölbetriebenen Großdieselmotoren

Implementierung und Validierung mariner Kraftstoffmodelle in KIVA3V

Südwestdeutscher Verlag für Hochschulschriften

Impressum/Imprint (nur für Deutschland/ only for Germany)
Bibliografische Information der Deutschen Nationalbibliothek: Die Deutsche Nationalbibliothek
verzeichnet diese Publikation in der Deutschen Nationalbibliografie; detaillierte bibliografische
Daten sind im Internet über http://dnb.d-nb.de abrufbar.
Alle in diesem Buch genannten Marken und Produktnamen unterliegen warenzeichen-, marken-
oder patentrechtlichem Schutz bzw. sind Warenzeichen oder eingetragene Warenzeichen der
jeweiligen Inhaber. Die Wiedergabe von Marken, Produktnamen, Gebrauchsnamen,
Handelsnamen, Warenbezeichnungen u.s.w. in diesem Werk berechtigt auch ohne besondere
Kennzeichnung nicht zu der Annahme, dass solche Namen im Sinne der Warenzeichen- und
Markenschutzgesetzgebung als frei zu betrachten wären und daher von jedermann benutzt
werden dürften.

Verlag: Südwestdeutscher Verlag für Hochschulschriften Aktiengesellschaft & Co. KG
Dudweiler Landstr. 99, 66123 Saarbrücken, Deutschland
Telefon +49 681 37 20 271-1, Telefax +49 681 37 20 271-0, Email: info@svh-verlag.de
Zugl.: München, TU, Diss., 2009

Herstellung in Deutschland:
Schaltungsdienst Lange o.H.G., Berlin
Books on Demand GmbH, Norderstedt
Reha GmbH, Saarbrücken
Amazon Distribution GmbH, Leipzig
ISBN: 978-3-8381-1055-4

Imprint (only for USA, GB)
Bibliographic information published by the Deutsche Nationalbibliothek: The Deutsche
Nationalbibliothek lists this publication in the Deutsche Nationalbibliografie; detailed
bibliographic data are available in the Internet at http://dnb.d-nb.de.
Any brand names and product names mentioned in this book are subject to trademark, brand
or patent protection and are trademarks or registered trademarks of their respective holders.
The use of brand names, product names, common names, trade names, product descriptions
etc. even without a particular marking in this works is in no way to be construed to mean that
such names may be regarded as unrestricted in respect of trademark and brand protection
legislation and could thus be used by anyone.

Publisher:
Südwestdeutscher Verlag für Hochschulschriften Aktiengesellschaft & Co. KG
Dudweiler Landstr. 99, 66123 Saarbrücken, Germany
Phone +49 681 37 20 271-1, Fax +49 681 37 20 271-0, Email: info@svh-verlag.de

Copyright © 2009 by the author and Südwestdeutscher Verlag für Hochschulschriften
Aktiengesellschaft & Co. KG and licensors
All rights reserved. Saarbrücken 2009

Printed in the U.S.A.
Printed in the U.K. by (see last page)
ISBN: 978-3-8381-1055-4

Vorwort

Die vorliegende Promotionsarbeit entstand während meiner Tätigkeit bei der MAN Diesel SE in Augsburg, innerhalb des von der Europäischen Union geförderten Projektes HERCULES (High Efficiency Research and Development on Combustion with Ultra Low Emissions for Ships).

Herrn Prof. Dr.-Ing. Georg Wachtmeister danke ich für das Ermöglichen meiner Promotion, die Übernahme des Hauptreferats sowie die wertvollen Diskussionen. Mein besonderer Dank gilt Herrn Prof. Dr.-Ing. Peter Eilts, bei dem ich in seiner damaligen Abteilung „Thermodynamik und CFD" bei der MAN Diesel SE als Doktorrand tätig sein durfte und der das Co-Referat der Prüfung übernahm. Er stand mir während meiner Arbeit immer mit wertvollen Hinweisen und ständiger Diskussionsbereitschaft hilfreich zur Seite.

Besonders möchte ich mich bei meinen Kollegen der MAN Diesel SE für das sehr angenehme Arbeitsklima und die große Hilfsbereitschaft während meiner Promotionszeit und darüber hinaus bedanken. Besonders hervorheben möchte ich Frau Dr. Sigrid Andreae die mich bei allen Fragen der CFD-Simulation geduldig unterstützte.
Des Weiteren Bedanke ich mich bei meiner langjährigen Freundin Helga Huber, die mir beim Korrekturlesen eine große Hilfe war.

Augsburg, im Oktober 2009

Inhaltsverzeichnis

Nomenklatur		**5**
1	**Einleitung und Zielsetzung der Arbeit**	**9**
1.1	Hintergrund	9
1.2	Motivation und Aufbau der Arbeit	10
2	**Stand der Technik**	**11**
3	**Thermodynamische Grundlagen und Modelle**	**19**
3.1	Die Bewegungsgleichungen der Gasphase	19
3.2	Einkomponenten Kraftstoffmodell	21
3.3	Sprayberechnung	22
3.3.1	Primäraufbruch	23
3.3.2	Sekundäraufbruch	24
3.3.3	Tropfenkollision und Koaleszenz	27
3.4	Verdampfung	28
3.5	Zündung	29
3.6	Verbrennung	30
3.7	Emissionsbildung	30
3.7.1	Stickoxide	31
3.7.2	Ruß	32
4	**Anpassung der Modelle**	**33**
4.1	Einfluss des Realgasverhaltens	33
4.2	Anpassung des Turbulenzmodells	35
4.3	Kraftstoffe	36
4.3.1	Marine Gasöl	37
4.3.2	Marine Dieselöl	37
4.3.3	Schweröl	37
4.3.4	Erweitertes Kraftstoffmodell	38
4.4	Temperaturabhängigkeit der Kraftstoffdichte	40
4.5	Schwerölspezifische Emissionen	40
4.6	Sektornetzgenerierung	42
5	**Validierung der Simulationsmodelle**	**44**
5.1	Sprayausbreitung ohne Verdampfung	44
5.2	Sprayausbreitung mit Verdampfung	55
5.3	Simulation der dieselmotorischen Verbrennung	64
6	**Schlussfolgerung und Ausblick**	**88**

Literaturverzeichnis	91
A Diagramme zu Motorvarianten	97

Nomenklatur

Lateinische Buchstaben

A	Stoßzahl	$[-]$
	Konstante	$[-]$
a	Beschleunigung	$[\text{m}/\text{s}^2]$
	Konstante	$[-]$
B	Modellkonstante	$[-]$
	Spalding-Massenaustauschzahl	$[-]$
B_T	Energietransferzahl	$[-]$
b	Konstante	$[-]$
C	Konstante	$[-]$
c	Konstante	$[-]$
c_p	spezifische Wärmekapazität bei konstantem Druck	$[\text{kJ}/\text{kg\,K}]$
D	Diffusionskoeffizient	$[\text{m}^2/\text{s}]$
D_{AB}	Diffusionskoeffizient Kraftstoffdampf in Luft	$[\text{m}^2/\text{s}]$
E	Aktivierungsenergie	$[\text{J}/\text{mol}]$
F	Impulsquellterm	$[\text{kg}/\text{m\,s}]$
f	Variable	$[-]$
	Wahrscheinlichkeits-Dichte-Funktion	$[-]$
g	Gravitationskonstante	$[\text{m}/\text{s}^2]$
h	Enthalpie	$[\text{kJ}/\text{mol}]$
h_{res}	Korrekturfaktor für Enthalpie	$[\text{kJ}/\text{mol}]$
h_t^0	Bildungsenthalpie	$[\text{kJ}/\text{mol}]$
I	innere Energie	$[\text{J}]$
I_{res}	Korrekturfaktor für Innere Energie	$[\text{J}]$
J	Wärmestromvektor	$[\text{W}]$
K	Wärmeleitfähigkeit	$[\text{W}/\text{m\,K}]$
	Konstante	$[-]$
K_{12}	Gleichgewichtskonstante	$[-]$
k	turbulente kinetische Energie	$[\text{m}^2/\text{s}^2]$
	Reaktions-Geschwindigkeitskonstante	$[-]$
k_g	Wärmeleitfähigkeit zwischen Gasphase und Tropfen	$[\text{W}/\text{m\,K}]$
L	charakteristische Länge	$[\text{m}]$

m	Masse	[kg]
	atomarer Anteil an Wasserstoff	[−]
$\dot{m}$	Bildungsrate	[kg/s]
N	Anzahl der Tropfen in einem Parcel	[−]
n	atomarer Anteil an Kohlenstoff	[−]
	Anzahl der Kollisionen	[−]
	Polytropenexponent	[−]
P	Produktionsterm	[−]
	Kollisionswahrscheinlichkeit	[−]
p	Druck	[bar]
Q	Wärme	[J]
	Gesamtenergie	[J]
$\dot{Q}$	Energiequellterm	[J]
$R_{k-\epsilon}$	Dissipationsterm aus der RNG-Theorie	[−]
R_{vap}	Änderung des Tropfenradiuses durch Verdampfung	[−]
R_0	allgemeine Gaskonstante	[J/mol K]
r	lokale Gaszusammensetzung	[−]
	Sprayradius	[m]
	Tropfenradius	[m]
S	Scherrate	[−]
T	Temperatur	[K]
t	Zeit	[s]
u	Geschwindigkeit	[m/s]
u_{cl}	Gasgeschwindigkeit auf der Spraystrahlachse	[m/s]
V	Volumen	[m³]
v	Tropfengeschwindigkeit	[m/s]
	Kollisionsfrequenz	[1/s]
W_f	Verdampfungszone	[−]
W_m	Molgewicht	[kg/mol]
W_{NSC}	Massenänderung oxidierter Ruß bezogen zur Rußoberfläche	[−]
$\dot{W}_A$	Massenaustauschzahl	[−]
$\dot{W}^s$	Turbulenzquellterm durch Wirbel	[m²/s²]
x	Koordinate	[−]
Y	Massenbruch	[−]
$y_{1/2}$	Abstand zur Spraystrahlachse	[m]
Z	Druck-Korrekturfaktor	[−]

Griechische Buchstaben

α	thermischer Ausdehnungskoeffizient	$[1/\text{K}]$
α_ϵ	reziproke laminare Prandtl-Zahl	$[-]$
α_k	reziproke turbulente Prandtl-Zahl	$[-]$
β	Turbulenzparameter	$[-]$
δ	Dirac-Delta Funktion	$[-]$
ϵ	Dissipation	$[\text{m}^2/\text{s}^3]$
η	dynamische Viskosität	$[\text{N s}/\text{m}^2]$
	Verhältnis von turbulenter zur Scherungs-Zeitskala	$[-]$
η_0	Turbulenzparameter	$[-]$
Λ	Wellenlänge	$[\text{m}]$
μ	molekulare Viskosität	$[\text{m}^2/\text{s}]$
μ_t	Wirbelviskosität	$[\text{m}^2/\text{s}]$
ν	kinematische Viskosität	$[\text{mm}^2/\text{s}]$
ρ	Dichte	$[\text{kg}/\text{m}^3]$
$\dot\rho$	Massenquellterm	$[\text{kg}]$
σ	viskoser Spannungstensor	$[-]$
	Oberflächenspannung	$[\text{N}/\text{mm}^2]$
τ	Zeitskala	$[\text{s}]$
	Aufbruchszeit	$[\text{s}]$
Ω	Wachstumsrate	$[-]$
ω	Winkelgeschwindigkeit	$[1/\text{s}]$

Indizes

a	Außenabmessung
c	chemisch
f	Flüssigphase
fv	verdampfter Kraftstoff
i	Innenabmessung
l	laminar
	Flüssigphase (liquid)
m	Spezies
$m1$	Kraftstoffspezies
n	Anzahl der Kollisionen
rel	relativ
S	Scherung
s	Spray
	Ruß (soot)
sf	Rußbildung
so	Rußoxidation
t	turbulent
tr	Tropfen
15	bei 15°C
∞	Umgebung
$+$	Vorreaktion
$-$	Rückreaktion
$*$	lokaler Momentanwert

Abkürzungen

CFD	Computational Fluid Dynamics
DNS	Direkte Numerische Simulation
LES	Large Eddy Simulation
Nu	Nusselt-Zahl
Oh	Ohnesorge-Zahl
Pr	Prandtl-Zahl
RANS	Reynold Averaged Navier-Stokes
Re	Reynold-Zahl
Sc	Schmidt-Zahl
Sh	Sherwood-Zahl
Ta	Taylor-Zahl
We	Weber-Zahl
∇	Nabla-Operator

Kapitel 1

Einleitung und Zielsetzung der Arbeit

1.1 Hintergrund

Schadstoffe, Feinstaub und CO_2-Ausstoß bzw. Verbrauch stehen für den automobilen Verkehr schon seit Jahren zur Diskussion. In letzter Zeit wird immer öfter auch die Schifffahrt in diese Diskussion einbezogen. Obwohl die Schifffahrt zu 90% zum weltweiten Warentransport beiträgt, verbraucht sie lediglich 3% des gesamten Energiebedarfs der Weltbevölkerung. Allerdings tragen die Emissionen schwerölbetriebener Großdieselmotoren, gerade in Küstennähe und in Häfen, in hohem Maße zur Schadstoffbelastung der Luft bei. Abbildung 1.1 zeigt die Daten einer Studie des Umweltbundesamtes vom Dezember 2004 [1], aus der hervorgeht, dass in Lübeck-Travemünde rund 75% der Gesamtbelastung an Stickoxiden und ca. 98% der Schwefeloxide durch die Abgase der Schifffahrt bedingt sind. Neben Schwefel- und Stickoxiden trägt jedoch auch Ruß bzw. Asche in erheblichem Maße zur Luftbelastung in Häfen bei.

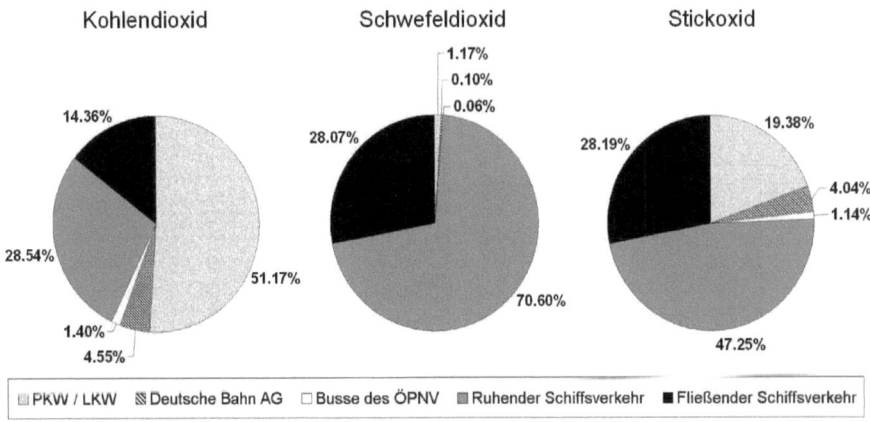

Abbildung 1.1: CO_2-, SO_2- und NO_X-Emissionen der einzelnen Verkehrssparten bezogen auf die Gesamtemission in Lübeck-Travemünde [1]

Strenge Umweltschutz-Richtlinien der „International Maritime Organization" (IMO), der hohe und immer weiter steigende Ölpreis sowie Anforderungen der Kunden an die Langlebigkeit der Motoren treibt die Motorenhersteller zur stetigen Verbesserung ihrer Produkte. In der Automobilindustrie wird zu diesem Zweck bereits seit Jahren die dreidimensionale, numerische Verbrennungssimulation erfolgreich eingesetzt. Mit ihr lassen sich schnell und kostengünstig neue Entwicklungen am Computer testen um so die vielversprechensten Varianten für spätere reale Tests zu selektieren. Vor allem in Bezug auf die Brennraumgestaltung und Kraftstoffeinspritzung ist die dreidimensionale Verbrennungssimulation aus der Motorenentwicklung nicht mehr wegzudenken.

1.2 Motivation und Aufbau der Arbeit

Bei der dieselmotorischen Simulation spielte in den letzten Jahren die Automobilindustrie eine Vorreiterrolle. Hier wurden immense Anstrengungen unternommen, um die Simulationsergebnisse aussagekräftiger und belastbarer zu machen. Die Großdieselmotorenhersteller haben von dieser Entwicklung zwar profitiert, eigene Anstrengungen bei der Entwicklung neuer Modelle und Verfahren waren aber selten. So sind gängige CFD-Simulationscodes meist nur für schnelllaufende Dieselmotoren aus dem Kfz-Bereich validiert. Bei der Simulation schwerölbetriebener Großdieselmotoren, mit den für die Automobilindustrie validierten Simulationswerkzeugen, ist die Qualität der Ergebnisse jedoch noch nicht zufriedenstellend.

Ziel dieser Arbeit war es daher, die Qualität der Simulationsergebnisse, unter anderem des Zylinderdruck- und des Brennverlaufes sowie der Schadstoffemissionen, von mittelschnelllaufenden Großdieselmotoren im Schwerölbetrieb deutlich zu verbessern. Ausgehend von einem bereits existierenden Simulationsprogramm sollten dazu die vorhandenen Untermodelle an die Besonderheiten mittelschnelllaufender Großdieselmotoren angepasst werden. Zusätzlich musste die Möglichkeit gegeben sein, eigene Unterprogramme in das Simulationsprogramm implementieren zu können.

Der Schwerpunkt der Arbeit lag auf der Entwicklung eines Kraftstoffmodells, das die große Bandbreite mariner Kraftstoffeigenschaften abbilden kann. Zudem mussten neue Ersatzkraftstoffe für Marine Gasöl (MGO), Marine Dieselöl (MDO) und Schweröl (HFO - Heavy Fuel Oil) in das Programm implementiert werden. Die bereits vorhandenen Unterprogramme für Turbulenz, Strahlausbreitung, Verdampfung, Zündung, Verbrennung und Emissionsbildung sollten überprüft und gegebenenfalls angepasst oder weiterentwickelt werden.

Zur Validierung des Gesamtmodells konnte auf einen breiten Datenbestand vorliegender Messungen für den 1L32/40 bzw. 1L32/44 Testmotor der MAN Diesel SE zurückgegriffen werden. Optische Untersuchungen von Vorgängen im Brennraum waren bei MAN Diesel SE nicht verfügbar. Hierfür wurde auf Daten aus der Literatur zurückgegriffen. Bei der Validierung wurde vor allem auf die qualitative wie quantitative Übereinstimmung von Simulation und Messung hinsichtlich Druck- und Brennverlauf, jedoch auch in Bezug auf NO_X- und Rußemissionen Wert gelegt.

Zum Nachweis der Gültigkeit des weiterentwickelten Simulationsprogramms, wurden unterschiedliche Variationen des Testmotors 1L32/40 bzw. 1L32/44 ohne Veränderung der Programmeinstellungen nachgerechnet und die Simulationsergebnisse mit den Messungen verglichen.

Kapitel 2

Stand der Technik

Die numerische Simulation der Verbrennung im Dieselmotor wird bereits seit mehr als 30 Jahren als wichtiges Werkzeug in der Motorenentwicklung angewendet. Trotz der noch recht hohen Simulationsungenauigkeiten aufgrund unzureichender Simulationsmodelle ist sie aus dem Entwicklungsprozess nicht mehr wegzudenken. Durch sie lassen sich Parameterstudien am Verbrennungsprozess schnell und kostengünstig durchführen und so Rückschlüsse auf die Realität ziehen. Bei den Simulationswerkzeugen haben sich drei Kategorien entwickelt, deren Anwendung von der Art der gewünschten Information abhängig ist. Mit zunehmender Komplexität und Anforderung an die Computerleistung sind dies die thermodynamischen (nulldimensionalen), die phänomenologischen (quasidimensionalen) sowie die multidimensionalen Modelle, die im allgemeinen als CFD-Simulation bekannt sind [2].
Bei der multidimensionalen CFD-Verbrennungssimulation von direkteinspritzenden Dieselmotoren versucht man alle Teilprozesse des Verbrennungsvorgangs wie Kolbenbewegung, Wandwärmeübergang, Einspritzung, Sprayausbreitung, Verdampfung, Zündung, Verbrennung und Emissionsbildung in Modellen abzubilden. Die gesamte Simulation stützt sich dabei auf ein Berechnungsgitter, das die Geometrie des Brennraums wiedergibt und sich der Bewegung des Kolbens anpasst. In der CFD-Simulation werden in den Gitterpunkten die Erhaltungsgleichungen für Masse, Impuls und Energie, die im allgemeinen Navier-Stokes-Gleichungen genannt werden, gelöst. Zusätzlich müssen noch die Gleichungen der benötigten Untermodelle und daraus resultierende Quellterme beachtet werden. Diese hohe Detailgenauigkeit der dreidimensionalen CFD-Simulation geht zu Lasten der Berechnungszeit, die bei null- oder quasidimensionalen Simulationswerkzeugen sehr viel geringer ist.
Abbildung 2.1 zeigt den Stand der Technik von 2001 für die dreidimensionale CFD-Verbrennungssimulation, der prinzipiell auch heute noch Gültigkeit hat. Auf die in der Abbildung genannten Aspekte für die dieselmotorische Verbrennung wird im Folgenden eingegangen.

Numerische Lösungsverfahren

Für die numerische Lösung der Navier-Stokes-Gleichungen sind unterschiedliche Integrationsverfahren anwendbar. Da die Gleichungen sowohl für laminare als auch turbulente Strömungen gültig sind, ist die genaueste aber auch aufwändigste Lösungsmethode die Direkte Numerische Simulation (DNS). Sie berechnet ohne Verwendung eines Turbulenzmodells die Navier-Stokes-Gleichungen. Die räumliche Diskretisierung muss dabei so fein sein, dass die kleinsten, möglichen Wirbel der Strömung aufgelöst werden können. Mit steigender Reynold-Zahl steigen die Anforderungen an die räumliche und zeitliche Diskretisierung. Der Grad der Diskretisierung bestimmt dabei den Berechnungsaufwand. Mit steigender räumlicher Diskretisierung wird mehr Speicherplatz benötigt, eine hohe zeitliche Auflösung erfordert lange CPU-Zeiten. Für die Simulation hochdynamischer Verbrennungsprozesse in komplexen Brennräumen heutiger Dieselmotoren ist die DNS daher ungeeignet.

Verbrennungs-regime	Strömung	Einspritzung/Gemischbildung	Verbrennung	Schadstoff-bildung
Ottomotor homogen	recht gut berechenbar	Saugrohreinspritzung schwierig! Wandfilmproblematik Mehrzyklenproblem	einigermaßen berechenbar	ansatzweise möglich
Ottomotor geschichtet		einigermaßen berechenbar	physikalisch schwierig	derzeit nicht berechenbar
Dieselmotor		große numerische Probleme (Netzabhängigkeit)	Diffusionsregime einigermaßen berechenbar, Selbstzündung und Vormischphase schwierig	sehr kritisch

Abbildung 2.1: Stand der Technik von 2001 für die CFD-Verbrennungssimulation [3]

Eine weitaus gebräuchlichere Methode zur Lösung der Navier-Stokes-Gleichung bei großen Reynold-Zahlen ist die Large-Eddy-Simulation (LES). Bei diesem Verfahren werden lediglich die großen Wirbel direkt berechnet. Da die Energie in der Strömung hauptsächlich über die großen Wirbel transportiert wird, reicht es nur diese aufzulösen und die kleinen Wirbel über ein Turbulenzmodell abzubilden [3]. Dies erlaubt eine wesentlich gröbere räumliche Diskretisierung, was wiederum wesentlich geringere Anforderungen an die benötigte Rechnerleistung mit sich bringt. Die Einteilung in kleine und große Wirbel geschieht über eine dem Lösungsproblem entsprechende Längenskala. Da bei der LES für die kleinen Wirbel nur durchschnittliche Größen, zum Beispiel über ein Reynold-Spannungs-Modell, berechnet werden, hat dies eine geringere Genauigkeit der Ergebnisse im Vergleich zur DNS zur Folge. Die Nachteile der LES liegen vor allem in der zu definierenden Längenskala, die in Abhängigkeit von der lokalen Reynold-Zahl sowie dem Berechnungsgitter vorgenommen wird. Darüber hinaus müssen bei der LES, wie bei der DNS, die Modelle und Einstellungen für jeden Fall angepasst werden [2,3].

Für CFD-Simulationen im Ingenieurbereich sind die Reynold-gemittelten Navier-Stokes-Gleichungen[1] die gängigste Lösungsmethode. Die Navier-Stokes-Gleichungen werden bei diesem Verfahren vereinfacht, indem die turbulenten Schwankungen aller Größen in einen Mittelwert und einen Schwankungswert aufgeteilt werden. Der daraus resultierende Reynold'sche Term für den Schwankungswert in den Navier-Stokes-Gleichungen wird mit einem Turbulenzmodell geschlossen. Dabei wird das gesamte instationäre Verhalten der Strömung der Turbulenz zugeschrieben und zeitlich gemittelt [3]. Der Nachteil dieses Verfahrens ist, dass einzelne Wirbel nicht aufgelöst werden können und die zur Verfügung stehenden Turbulenzmodelle nicht für jedes Strömungsproblem qualitativ gleichwertig sind.

Turbulenz

Zur Schließung des zugrundeliegenden Gleichungssystems der RANS-Gleichungen sind Turbulenzmodelle erforderlich, die im Allgemeinen auf der Wirbelviskositätshypothese nach Boussinesq aus dem Jahr 1877 [3,4] basieren. Die Wirbelviskositätshypothese behandelt die Reynolds-Spannungen der RANS-Gleichungen in Analogie zu den durch molekulare Viskosität erzeugten Spannungen in der Strömung. Die turbulente Wirbelviskosität des Turbulenzmodells beschreibt dabei die Erhöhung der Viskosität durch turbulente Schwankungsbewegungen. Die Schließung der RANS-Gleichungen gelingt über die Bestimmung der turbulenten Wirbelviskosität. Die

---

[1]RANS-Gleichungen - Reynold Averaged Navier-Stokes

Einteilung der unterschiedlichen Turbulenzmodelle erfolgt über die Anzahl der Gleichungen, die zur Bestimmung der turbulenten Wirbelviskosiät erforderlich sind.
Zu den einfachsten Modellen gehören die Nullgleichungsmodelle, die auf rein algebraischen Annahmen beruhen [5] und die Wirbelviskosität als Funktion der Geschwindigkeitverteilung in der Grenzschicht angeben. Als einer der bekanntesten Ansätze ist der Prandtl'sche Mischungslängenansatz zu nennen [6]. Diese Modelle finden hauptsächlich in der Luft- und Raumfahrt Anwendung und sind vor allem für Strömungen mit hohen Geschwindigkeiten und anliegenden Grenzschichten geeignet [4]. Für die Verbrennungssimulation sind diese Modelle ohne Bedeutung.
Ein etwas komplexerer Ansatz sind so genannte Eingleichungsmodelle, die eine zusätzliche Gleichung zum Beispiel für die turbulente kinetische Energie lösen. Aus dieser ergibt sich dann der turbulente Austauschkoeffizient[2], für dessen Berechnung wiederum algebraische Beziehungen herangezogen werden müssen [5]. Auch Eingleichungsmodelle sind für die dreidimensionale Verbrennungssimulation von Dieselmotoren uninteressant, da sie schnelle Änderungen im turbulenten Längenmaß nicht richtig wiedergeben können [4].
Die wohl bekanntesten Turbulenzmodelle sind Zweigleichungsmodelle [2-4, 7], bei denen zwei zusätzliche, gekoppelte Transportgleichungen für die Schließung der Navier-Stokes-Gleichungen verwendet werden. Vor allem das k-ϵ-Turbulenzmodell ist weit verbreitet. Bei diesem Modell wird die Transportgleichung für die turbulente kinetische Energie k und die Dissipation ϵ angegeben. Ausgehend von diesem Modell gibt es in der Literatur zahlreiche Modifikationen und Erweiterungen, um das k-ϵ-Turbulenzmodell für den jeweiligen betrachteten Fall zu optimieren [2, 5, 7-12]. Zweigleichungsmodelle werden in nahezu allen CFD-Codes zur Verfügung gestellt [5]. Speziell das k-ϵ-Turbulenzmodell ist in allen gängigen Simulationsprogrammen verfügbar und wird vor allem für ingenieurstechnische Anwendungen oft als Standardmodell der CFD-Simulation bezeichnet [6].
Ein großer Nachteil der Zweigleichungsmodelle ist, dass sie aufgrund ihrer skalaren Betrachtungsweise die Turbulenz als isotrop annehmen. Dadurch sind die Normalspannungen, für ein betrachtetes Zellvolumen, in alle Raumrichtungen gleich groß. Dies hat zur Folge, dass der Geschwindigkeitsvektor, der von den Normalspannungen abhängt, nur ungenau abgebildet wird. Vor allem in Ablöse- oder Rezirkulationsgebieten wirkt sich dies aus. Abhilfe schaffen hier sogenannte Reynold-Spannungs-Modelle, die die Wirbelviskosität tensoriell beschreiben und so sechs zusätzliche partielle Differentialgleichungen lösen müssen [2, 7]. Aufgrund der starken Netzabhängigkeit und der hohen Berechnungszeit durch die zusätzlich zu lösenden Gleichungen, finden Reynold-Spannungs-Modelle bei der Verbrennungssimulation kaum Anwendung [2, 7].
Bei den hier ausschließlich betrachteten k-ϵ-Turbulenzmodellen wird die Wandgrenzschicht nicht räumlich aufgelöst, sondern durch sogenannte Wandgesetze abgebildet. Da eine hohe Gitterfeinheit in Wandnähe zu sehr hohen Rechenzeiten und auch zu Instabilitäten im numerischen Integrationsverfahren führen würde, werden Geschwindigkeits- und Temperaturverlauf in der Wandgrenzschicht über diese Wandgesetze modelliert [2, 7]. Diese sind meist empirische Funktionen, auf die an dieser Stelle nicht näher eingegangen werden soll.

Kraftstoffmodelle

Eine Besonderheit der Simulation von direkteinspritzenden Dieselmotoren ist die Berücksichtigung der flüssigen Phase des Kraftstoffs, der in den Brennraum eingebracht wird. Zur Modellierung des Kraftstoffes gibt es verschiedene Ansätze. Zum einen die Verallgemeinerung des Kraftstoffs, indem der Ersatzkraftstoff auf eine Komponente reduziert wird. Zum anderen die Verwendung eines Multikomponenten-Ersatzkraftstoffs, bei dem der Modellkraftstoff aus zwei oder mehreren verschiedenen Komponenten, meist Kohlenwasserstoffen, besteht [2].

---
[2]darunter wird meist der Impulsaustausch verstanden

Der Einkomponentenersatzkraftstoff hat den Nachteil, dass er die unterschiedlichen Kohlenwasserstoffgruppen realer Kraftstoffe nicht abbilden kann. Die einzelnen Gruppen haben verschiedene Stoffeigenschaften, was vor allem für das Verdampfungs- und Zündverhalten des realen Kraftstoffes wichtig ist. Diesem Verhalten kommen die Multikomponenten-Ersatzkraftstoffe besser nach. Allerdings ist diese genauere Modellierung auch mit einem Mehraufwand an Berechnungszeit verbunden, da für jede Kraftstoffkomponente eine zusätzliche Transportgleichung gelöst werden muss. Darüberhinaus müssen für die Modellierung detaillierte Kraftstoffeigenschaften bekannt sein. Gerade bei marinen Kraftstoffen, insbesondere Schweröl, sind diese Daten nur mit großem Aufwand zu erhalten, da Schweröle in ihrer Zusammensetzung und damit ihren Stoffeigenschaften sehr stark variieren [13, 14].

Eine weitere Möglichkeit für die Modellierung der Kraftstoffeigenschaften ist die Anwendung der kontinuierlichen Thermodynamik. Die kontinuierliche Thermodynamik definiert dabei das Gemisch der einzelnen Kohlenwasserstoffe über eine Verteilungsfunktion, die das mittlere Molgewicht als Laufvariable enthält [15, 16].

Für die Modellierung mariner Kraftstoffe, insbesondere Schweröl, gibt es kaum Literatur. Die vorliegenden Literaturstellen beziehen sich auf Ein- [17, 18] oder Zweikomponenten-Kraftstoffmodelle [19], wobei für Takasaki [17, 18] nicht gesagt werden kann, ob es sich um wirkliche Ersatzkraftstoffe für Schweröl handelt oder um Standard-Ersatzkraftstoffe für Diesel, wie zum Beispiel Tetradekan.

Kraftstoffeinspritzung und Spraysimulation

Die Sprayausbreitung ist eine der wichtigsten Vorgänge bei direkteinspritzenden Dieselmotoren, da durch sie die Gemischbildung und damit die Verbrennung und Schadstoffbildung maßgeblich beeinflusst wird [20]. Der wohl wichtigste Aspekt bei der Modellierung der Sprayausbreitung ist die Betrachtung des Tropfenaufbruchs, der neben den Stoffdaten des Kraftstoffs und des umgebenden Gases auch durch die Relativgeschwindigkeit und die Düsengeometrie beeinflusst wird. Es wird prinzipiell zwischen zwei Tropfenaufbruchsmechanismen unterschieden [2]. Als Primäraufbruch wird der Tropfenaufbruch bezeichnet, der unmittelbar nach Verlassen der Düse, also im Düsennahbereich, stattfindet. Hier sind die Vorgänge in der Düse und am Düsenaustritt entscheidend. Als Sekundäraufbruch wird der Tropfenaufbruch im Spray bezeichnet. Der Sekundäraufbruch wird durch die Relativgeschwindigkeit zwischen Kraftstofftropfen und der Luft im Brennraum sowie durch die Stoffeigenschaften bestimmt [7]. Der Übergang von Primär- zu Sekundäraufbruch ist der Zeitpunkt, ab dem sich nach verlassen der Einspritzdüse ein eigenständiger Kraftstofftropfen gebildet hat.

Für die Beschreibung des Primäraufbruchs können verschiedene Verfahren bzw. Modelle angewendet werden. Bei der Strömungssimulation nach der Euler-Lagrange-Methode, bei der die Gasphase nach Euler und die flüssige Phase nach Lagrange betrachtet wird, ist das wohl einfachste, aber auch eines der verbreitetsten Primäraufbruchsmodelle das sogenannte Blob-Modell [21]. Bei diesem Modell wird nicht von einem intakten, flüssigen Kraftstoffkern am Düsenaustritt ausgegangen, wie es in vielen Experimenten beobachtet wurde [2, 20], sondern von einzelnen Tropfen mit vordefinierter Größe, die die Düse mit einer vorgegebenen Geschwindigkeit verlassen. Etwas komplexere Modelle bilden die Vorgänge in der Düse phänomenologisch ab und verwenden neben der Bernoulli-Gleichung auch empirische Annahmen für die Wandreibung und Tabellen für Verlustbeiwerte der Düsen in Abhängigkeit der Düsengeometrie. Als Ausgabewerte werden Durchflußbeiwert, Spraywinkel und Tropfengrößenverteilung während der Einspritzzeit berechnet [20, 22]. Auf diese Weise kann der Einfluss der Kavitation in der Düse in Bezug auf den Durchflußbeiwert berücksichtigt werden. Durch die vielen Annahmen ist bei diesen Modellen jedoch eine aufwändige Kalibrierung notwendig, um gute Simulationsergebnisse

zu erzielen.
Ein weitaus aufwändigerer Ansatz koppelt die Sprayausbreitungs- mit der Düseninnenströmungssimulation unter Berücksichtigung der Kavitation in der Düse. Dabei ist zunächst eine dreidimensionale Düsenströmungssimulation bis zum Düsenaustritt notwendig. Aus den daraus resultierenden Daten werden dann über ein Primäraufbruchsmodell die Tropfeneigenschaften wie Geschwindigkeit, Tropfengröße, Temperatur, etc. ermittelt und den Tropfen aufgeprägt. Im Vergleich zu phänomenologischen Primäraufbruchsmodellen kann durch diese Vorgehensweise ein sehr viel realistischeres Sprayverhalten simuliert werden [23].
Die Simulation mit Euler-Euler, bei der sowohl die gasförmige als auch die flüssige Phase nach Euler betrachtet werden, findet erst langsam Einzug in die Sprayausbreitungssimulation, da diese Methode aufgrund der Kopplungsproblematik beider Phasen sehr aufwändig ist. Zudem wird bei diesem Ansatz lediglich der Düsennahbereich nach Euler gerechnet und, nach der Ausbildung einzelner Tropfen, wieder auf die Lagrange-Betrachtungsweise übergegangen. Auf diese Weise kann der flüssige Kraftstoffkern am Düsenaustritt in der Simulation realistisch abgebildet werden. Wie bei der Kopplung der Sprayausbreitungs- mit der Düseninnenströmungssimulation wird bei diesem Verfahren ein sehr realistisches Sprayverhalten erzielt.

Der Sekundäraufbruch wird durch Störungen auf der Tropfenoberfläche aufgrund von aerodynamischen Kräften hervorgerufen [2]. Zur Einordnung der verschiedenen Arten von Sekundäraufbrüchen wird die Weber-Zahl verwendet, die das Verhältnis der aerodynamischen Kraft zur Oberflächenspannung des Tropfens angibt. Die daraus resultierenden Aufbruchsregime sind in Abbildung 2.2 dargestellt. Praktisch alle Sekundäraufbruchsmodelle arbeiten mit der Weber-Zahl [2, 24–27]. Die verschiedenen Sekundäraufbruchsmodelle sind meist nur für ein oder zwei Aufbruchsregime gültig und werden teilweise miteinander kombiniert [2, 24].

Neben dem Tropfenaufbruch ist für das Spray auch die Tropfeninteraktion, also Tropfenkollison und -koaleszenz, von Bedeutung. Modelle dazu sind sehr rar, da sie unter anderem sehr schwer zu validieren sind. In der Literatur wird meist auf das Tropfenkollisionsmodell von O'Rourke [29] verwiesen.

Auch die Tropfen-Wand-Interaktion spielt bei der Simulation der Sprayausbreitung von direkteinspritzenden Dieselmotoren eine Rolle. Insbesondere bei schnelllaufenden Dieselmotoren für den PKW-Bereich ist die Tropfen-Wand-Interaktion ein wichtiger Teil des Gemischbildungsprozesses. Die dafür vorhandenen Modelle sind empirischer Art und bilden in erster Linie die Vorgänge des Sprayverhaltens bei Wandaufprall ab. Hierbei wird zwischen Abprallen, Anhaften und Aufbrechen unterschieden [30–32]. Manche Modelle berücksichtigen zudem die Ausbildung eines Wandfilms [33, 34]. Da die Tropfen-Wand-Interaktion bei mittelschnelllaufenden Großdieselmotoren praktisch keine Rolle spielt, wird auf diesen Punkt nicht weiter eingegangen.

Verdampfung, Zündung und Verbrennung

Die Modellierung der Verdampfung der Kraftstofftropfen hat einen großen Einfluss auf die Sprayausbreitungssimulation, da durch die Verdampfung die Tropfenmasse und damit der Impuls des Tropfens abnehmen. Dadurch ist die Eindringtiefe des Sprays von der Qualität des Verdampfungsmodells direkt abhängig [2, 35]. Zudem wird durch die Verdampfung die Gemischbildung und so die Verbrennung stark beeinflusst.
Bei der Erwärmung der Tropfen spielen Wärmeleitung, Konvektion und Wärmestrahlung eine wichtige Rolle, wobei die Strahlung im Vergleich zur Konvektion vernachlässigt werden kann. Zudem bildet sich eine Grenzschicht aus Kraftstoffdampf um den Tropfen. Da es aufgrund der mangelnden Rechnerleistung nicht möglich ist, für einen kompletten Kraftstoffstrahl das

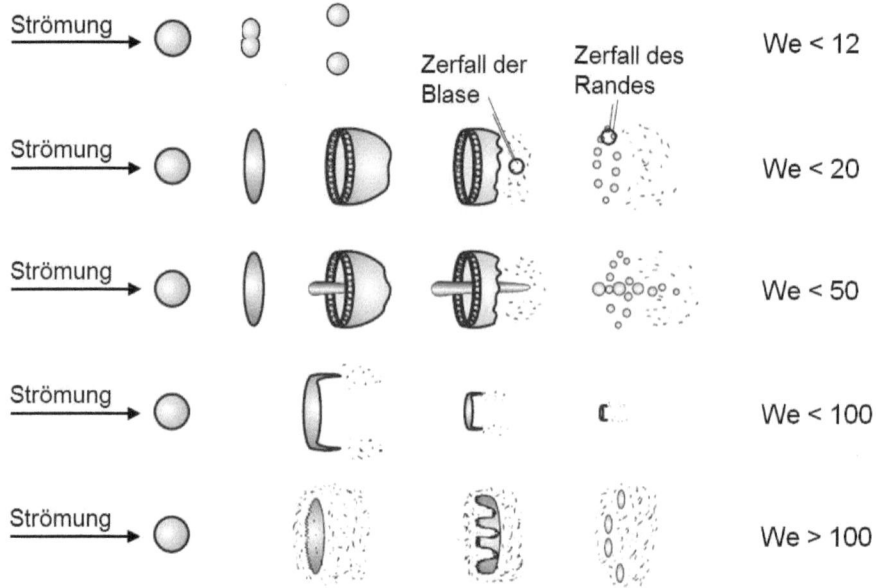

Abbildung 2.2: Tropfenaufbruchsregime in Abhängigkeit der Weber-Zahl [28]

Strömungsfeld um und in den einzelnen Tropfen zu simulieren, müssen auch diese Vorgänge modelliert werden [2]. Das bekannteste Verdampfungsmodell basiert auf den Überlegungen von Spalding [36] und ist auch als KIVA-II Modell bekannt. Andere verbreitete Modelle stammen von Dukowicz [37] oder Abramzon und Sirignano [38]. Allen Modellen gemein ist, dass sie von einer idealen Kugel ausgehen. Das Dukowicz und das KIVA-II Modell nehmen zudem einen stationären Gasfilm um den Tropfen an. Außerdem sind die Stoffwerte und die Temperatur im Kraftstoff homogen.

Für die Berücksichtigung der Zündung gibt es mehrere phänomenologische Zündmodelle. Das einfachste basiert auf einer einzelnen Arrheniusgleichung, die von der Temperatur, dem Druck sowie dem Kraftstoff-Luft-Verhältnis abhängig ist. Für die Zündung bei hohen Temperaturen ist diese Art der Modellierung zulässig [39]. Detailliertere Zündmodelle, die auch für niedere Temperaturen geeignet sind, werden Mehrschrittmodelle genannt. Ein sehr verbreitetes Mehrschrittmodell ist das Shell-Zündmodell nach Halstead, das mit acht Reaktionsschritten inklusive Kettenfortpflanzung, Verzweigungsprozessen und Kettenabbruchsreaktionen arbeitet [40]. Aufgrund der Entwicklung neuer Brennverfahren, wie zum Beispiel HCCI[3], werden bei neu entwickelten Verbrennungsmodellen die Zündung und Verbrennung gekoppelt [7,33].

Bei der Verbrennung im Dieselmotor findet sowohl vorgemischte als auch turbulente Verbrennung statt. Die Phase der vorgemischten Verbrennung ist abhängig von der Zündverzugszeit und daher in der Regel sehr kurz. Maßgebend ist somit die turbulente Verbrennung bzw. die Diffusionsverbrennung.

---

[3]Homogeneous Charge Compression Ignition

Bei der Modellierung der Diffusionsverbrennung sind die wohl einfachsten Modelle in der dreidimensionalen CFD-Simulation die sogenannten Eddy-Breakup-Modelle. Diese nehmen an, dass Wirbel (Eddys) mit unverbranntem Gemisch neben Zonen heißen Abgases zerfallen. Bei vorausgesetzter schneller Chemie treten dadurch die einzelnen chemischen Prozesse der Verbrennung in den Hintergrund und die Durchmischung von verbranntem und unverbranntem Gemisch bildet den Verbrennungsverlauf. Diese Prozesse laufen innerhalb der, aus der Turbulenzmodellierung resultierenden, turbulenten Zeitskala ab und dienen zur Berechnung der Wärmefreisetzung [7]. Zu dieser Modellgruppe zählt zum Beispiel das Magnussen-Modell [41] oder das weitverbreitete Characteristc-Timescale-Combustion-Modell, meist CTC-Modell genannt, das neben der turbulenten auch die laminare Zeitskala abbildet.
Die chemische Modellierung der Eddy-Breakup-Modelle ist meist sehr eingeschränkt und geht von einem chemischen Gleichgewicht aus. Hinzu kommt eine sehr begrenzte Anzahl an Reaktionspartnern [42]. Dennoch sind diese Modelle weit verbreitet, da sie sehr stabil arbeiten und nur geringe Anforderungen an die Rechnerleistung haben.

Eine andere Gruppe von Verbrennungsmodellen sind Flamelet-Modelle [43]. Als Flamelets werden die kleinen Flammen zwischen den Reaktionszonen bezeichnet. Bei diesen Modellen wird die Reaktionskinetik vom turbulenten Strömungsfeld getrennt betrachtet. Die Reaktionszone bzw. turbulente Diffusionsflamme wird als sehr dünn angenommen und durch Flamelets abgebildet. Flamelet-Modelle werden üblicherweise für die Betrachtung detaillierter Chemie verwendet, wofür sehr umfangreiche Bibliotheken für die benötigten Reaktionen zur Verfügung gestellt werden müssen. Mechanismen mit mehr als 100 Spezies und 500 Reaktionen können so abgebildet werden. Bei der Verwendung detaillierter Chemie werden die Zündvorgänge sowie die Emissionsbildung durch das Verbrennungsmodell bereits modelliert [6].

Bei Modellen, die auf der „Probability-Density-Function" (PDF-Ansatz) basieren, ist der rechnerische Aufwand sehr hoch, da sie den simultanen Effekt von Chemie und Turbulenz berücksichtgen [33]. Den Kern des Modells bildet eine Wahrscheinlichkeitsdichtefunktion für den Mischungsbruch des Gasgemischs, die über eine Transportgleichung beschrieben wird und sich mit der Strömung ändert. Für den PDF-Ansatz müssen zusätzliche Differentialgleichungen gelöst werden, um den Mischungsbruch der betrachteten Spezies in der turbulenten Strömung, mithilfe eines Mittelwertes und der lokalen Varianz zu beschreiben [44]. Der Vorteil liegt in einer genaueren Beschreibung der Reaktionsraten, die sehr stark von der lokalen Temperatur und damit auch von den lokalen Temperaturfluktuation abhängig ist. Alle anderen Verbrennungsmodelle können diese genaue Beschreibung nicht liefern. Sie arbeiten daher mit den gemittelten Werten aus der Turbulenzmodellierung [2].

Schadstoffbildung

Bei der dieselmotorischen Simulation sind eigentlich nur zwei Schadstoffe von Interesse, Stickoxide (NO_X) und Ruß, für die zusätzliche Modelle notwendig sind.
Bei der Modellierung von NO_X hat sich dabei der erweiterte Zeldovich-Mechanismus [45] für die Modellierung der thermischen NO_X-Bildung durchgesetzt. Er kann als Standard NO_X-Modell bezeichnet werden. Da bei der NO_X-Entstehung 80-95% dem thermischen NO_X zugeschrieben werden können, verzichten viele auf eine detailliertere Betrachtung [39]. Neben dem thermischen Bildungsmechnisumus gibt es noch drei weitere Arten der NO_X-Entstehung, für die von verschiedenen Autoren Modelle vorgeschlagen bzw. entwickelt wurden. Für den Prompt-NO_X-Mechanismus, der in fetten Kraftstoff-Luft-Gemischen bei geringen Temperaturen wirksam ist, wurde der Fenimore-Mechanismus entwickelt [46], der Ungenauigkeiten birgt [2] und daher von zahlreichen Autoren erweitert wurde [33]. Daneben gibt es noch Kraftstoff-NO_X, der durch den

im Kraftstoff vorhanden Stickstoff gebildet wird und ca. 0.3 bis 2% zur NO_X-Konzentration beiträgt, wie Miller in seinen Untersuchungen gezeigt hat [33]. Neben diesen drei genannten Bildungsmechanismen gibt es noch andere Bildungswege, für die teilweise Modelle entwickelt wurden. Diese Bildungswege laufen über Zwischenprodukte bei der Stickstoffoxidierung ab. Vor allem die NO_X-Entstehung über Lachgas (N_2O) [39], aber auch HCN oder NH_3 müssen hier genannt werden [33].

Die Rußbildung ist immer noch ein sehr schwieriges Thema bei der CFD-Verbrennungssimulation, da die Bildung und Oxidation von Ruß zahlreichen Faktoren, wie zum Beispiel Temperatur, Druck oder dem Kraftstoff-Luft-Verhältnis, unterliegt [2,33]. Hinzu kommt die Koagulation der Rußteilchen zu Rußpartikeln. Bei der Modellierung der Rußbildung und Oxidation wurde von Hiroyasu ein phänomenologisches 2-Schritt-Modell entwickelt, das über zwei Arrheniusgleichungen die Bildungsrate bzw. Oxidationsrate des Rußes beschreibt [47]. Nagle und Strickland-Constable ergänzten das Modell, vor allem um die Rußoxidation genauer abzubilden [48]. Zahlreiche andere Autoren ergänzten oder erweiterten den 2-Schritt-Mechanismus [33]. Schubinger beispielsweise ergänzte die Oxidationsrate des Rußes durch den Einfluss der turbulenten Zeitskala [2].
Fusco entwickelte ein Ruß-Modell mit einem 8-Schritt-Mechanismus, der die Bildung, Oxidation und das Partikelwachstum detaillierter abbildet [49]. Bei den Ruß-Modellen werden, trotz des realistischeren 8-Schritt-Mechanismusses, meist der 2-Schritt-Mechanismus bevorzugt, da diese Modelle mit weit weniger Aufwand und weniger empirischen Parametern zu durchaus akzeptablen Ergebnissen führen können [2].

Neue Ansätze zur Ruß-Modellierung gehen von einem Flamelet-Ansatz mit detaillierter Chemie aus. Diese sind jedoch in ihrer Anwendung hinsichtlich Anpassung, Stabilität und Berechnungszeit nicht ganz unproblematisch [7].

Simulation von Großdieselmotoren

Zur dreidimensionalen Simulation der Verbrennung in schwerölbetriebenen, mittelschnelllaufenden Großdieselmotoren ist nur sehr wenig Literatur verfügbar. Die wenigen Textstellen, die sich mit Simulation, Schweröl und Großdieselmotoren beschäftigen, zielen meist nur auf Teilgebiete des Verbrennungsprozesses ab. Zur Sprayausbreitung und Verbrennung von Schweröl hat Takasaki [17,18] sehr umfangreiche Untersuchungen an Spraykammern und Forschungsmotoren gemacht, die er teilweise mit CFD-Spraysimulationen unterstützte. Goldsworthy [19] hat sich ebenfalls mit der Simulation der Verbrennung von Schweröl beschäftigt, bezog sich jedoch in ihren Untersuchungen hauptsächlich auf einen Fuel-Ignition-Analyser (FIA), der für die Untersuchung der Zünd- und Verbrennungseigenschaften von Schwerölen entwickelt wurde. Bei diesem FIA wird eine definierte Kraftstoffmenge über eine Einlochinjektor in ein konstantes Volumen eingespritzt. Als Indikator für den Zündverzug und die Verbrennung dient der Druckanstieg im Volumen.
In Bezug auf die Simulation von Großdieselmotoren ist vor allem Weisser [50] noch zu nennen, der sich mit der dreidimensionalen Simulation der Stickoxidbildung von mittelschnelllaufenden Dieselmotoren beschäftigte.

Kapitel 3

Thermodynamische Grundlagen und Modelle

Für die durchgeführten Arbeiten wurde der „Open Source Code" KIVA3V-Release2 (KIVA3V) verwendet. Das Programm wurde am Los Alamos National Laboratory der University of California entwickelt [51–53]. Das Engine Research Center (ERC) der University of Winsconsin implementierte zusätzliche Modelle, die die Qualität der dieselmotorischen Simulation entscheidend verbesserten. Zum besseren Verständnis wird in diesem Kapitel auf die Bewegungsgleichungen sowie auf die für die dieselmotorische Simulation verwendeten Modelle eingegangen. Für eine vollständige Beschreibung wird auf die vorhandene Literatur verwiesen. Die Validierung der einzelnen Modelle wird in Kapitel 5 behandelt.

3.1 Die Bewegungsgleichungen der Gasphase

Um die Sprayausbreitung einer Flüssigkeit in einem Gas simulieren zu können, müssen die Navier-Stokes-Gleichungen für Tropfen und Gasphase berechnet werden. Für die Gasphase werden die instationären Navier-Stokes-Gleichungen unter Verwendung eines Turbulenzmodells gelöst. Zur Zeit t wird daher der Zustand der Gasphase, also Druck, Temperatur sowie die Massenanteile und Geschwindigkeitskomponenten der betrachteten Spezies, in Euler'scher Form beschrieben. Für die Sprayausbreitung wird die Langrange'sche Betrachtungsweise verwendet, bei der sich das Koordinatensystem, im Gegensatz zur Euler'schen Betrachtungsweise, mit den Tropfen mitbewegt [2].

Die Bewegungsgleichungen der Gasphase für Masse, Impuls und Energie können sowohl für laminare, als auch für turbulente Strömungen im Unter- oder Überschallbereich eingesetzt werden.

Die Kontinuitätsgleichung für die speziesspezifische Dichteänderung $\frac{\partial \rho_m}{\partial t}$

$$\frac{\partial \rho_m}{\partial t} + \nabla \cdot (\rho_m u) = \nabla \cdot \left[\rho D \nabla \left(\frac{\rho_m}{\rho} \right) \right] + \dot{\rho}_m^c + \dot{\rho}^s \delta_{m1} \tag{3.1}$$

beinhaltet Quellterme für Chemie- $\dot{\rho}_m^c$ und Sprayinteraktion $\dot{\rho}^s$. Die Quellterme resultieren aus der chemischen Umwandlung der berücksichtigten Spezies während der Verbrennung beziehungsweise aus der Verdampfung der Kraftstofftropfen. Summiert man Gleichung 3.1 über alle Spezies m auf, so erhält man die Kontinuitätsgleichung der Gasphase

$$\frac{\partial \rho}{\partial t} + \nabla \cdot (\rho u) = \dot{\rho}^s . \tag{3.2}$$

Bei der Aufsummierung fallen in Gleichung 3.2 der Diffusionsterm sowie der chemische Quellterm heraus. Durch die Berücksichtigung aller vorhandener Spezies sind diese Terme für die

Massenerhaltung nicht mehr relevant. Lediglich der spraybedingte Quellterm fließt aufgrund von Verdampfungsvorgängen der flüssigen Phase ein.

Die Impulsgleichung

$$\frac{\partial(\rho u)}{\partial t} + \nabla \cdot (\rho u u) = -\nabla p - \nabla(2/3\rho k) + \nabla \cdot \sigma + F^s + \rho g \qquad (3.3)$$

beinhaltet den Quellterm F^s, der den Impulseintrag durch das Spray berücksichtigt.

Des weiteren löst KIVA3V die Gleichung für die innere Energie

$$\frac{\partial(\rho I)}{\partial t} + \nabla \cdot (\rho u I) = -p\nabla \cdot u - \nabla \cdot J + \rho\epsilon + \dot{Q}^c + \dot{Q}^s \ , \qquad (3.4)$$

wiederum unter Berücksichtigung des chemischen $\dot{Q}^c$ und durch Sprayinteraktion bedingten Quellterms $\dot{Q}^s$.

Zur Lösung der Navier-Stokes-Gleichungen sind in KIVA3V zwei verschiedene k-ϵ-Turbulenzmodelle implementiert, das Standard- [51] sowie das RNG-k-ϵ-Turbulenzmodell [54,55], das von Han und Reitz [56] in KIVA3V implementiert wurde. Auf beide Turbulenzmodelle wird hier nur kurz eingegangen, um die Unterschiede zu erläutern. Für eine detailliertere Beschreibung wird auf die angegebene Literatur verwiesen.
Sowohl das Standard- als auch das RNG-k-ϵ-Modell berechnen die turbulente kinetische Energie k wie folgt

$$\rho \frac{Dk}{Dt} = P - \rho\epsilon + \frac{\partial}{\partial x_i}\left(\mu\alpha_k \frac{\partial k}{\partial x_i}\right) \ , \qquad (3.5)$$

mit dem Produktionsterm

$$P = \mu_t \left[S - \frac{2}{3}(\nabla \cdot u)^2\right] - \frac{2}{3}\nabla \cdot u \ . \qquad (3.6)$$

$S = \frac{1}{2}|\nabla \cdot u|$ ist die Scherrate.
Der Unterschied in der Turbulenzmodellierung liegt in der Dissipationsgleichung. Für das Standard-k-ϵ-Modell wird die Dissipation ϵ wie folgt definiert

$$\rho \frac{D\epsilon}{Dt} = \frac{\epsilon}{k}(C_{\epsilon_1}P - C_{\epsilon_2}\rho\epsilon) + C_{\epsilon_3}\rho\epsilon\nabla \cdot u + \frac{\partial}{\partial x_i}\left(\mu\alpha_\epsilon \frac{\partial \epsilon}{\partial x_i}\right) \ . \qquad (3.7)$$

Das RNG-k-ϵ-Modell besitzt einen zusätzlichen Term

$$R_{k-\epsilon} = \frac{\mu_t S^{\frac{3}{2}}\left(1 - \frac{\eta}{\eta_0}\right)}{1 + \beta\eta^3} \ , \qquad (3.8)$$

der die turbulente Viskosität bei hohen Schergeschwindigkeiten reduziert. $R_{k-\epsilon}$ wird über die turbulente Viskosität μ_t, die Scherrate S sowie durch $\eta = \frac{\tau_L}{\tau_S}$, dem Verhältnis von turbulenter Zeitskala $\tau_t = \frac{k}{\epsilon}$ zur Zeitskala der Scherrate $\tau_S = S^{-\frac{1}{2}}$, definiert. Für die Dissipation des RNG-k-ϵ-Modells ergibt sich demnach folgendes

$$\rho \frac{D\epsilon}{Dt} = \frac{\epsilon}{k}(C_{\epsilon_1}P - C_{\epsilon_2}\rho\epsilon) - \rho R_{k-\epsilon} + C_{\epsilon_3}\rho\epsilon\nabla \cdot u + \frac{\partial}{\partial x_i}\left(\mu_t\alpha_\epsilon \frac{\partial \epsilon}{\partial x_i}\right) \ . \qquad (3.9)$$

Neben der Einbindung von $R_{k-\epsilon}$, wurden auch die Konstanten des RNG-k-ϵ-Modells über die RNG-Theorie beschrieben [54, 55]. Die Konstante $C_{\epsilon 3}$ wurde durch eine Gleichung ergänzt, die die Kompressibilität des Fluids berücksichtigt [57]

$$C_{\epsilon 3} = \frac{-1 + 2C_{\epsilon 1} - 1.5(n-1) + (-1)^\delta \sqrt{6} C_\mu C_\eta \eta}{3} . \quad (3.10)$$

n ist darin der Polytropenexponent. Mit δ wird das Kronecker-Delta beschrieben. Alle Konstanten sind in Tabelle 3.1 angegeben.

Parameter	$C_{\epsilon 1}$	$C_{\epsilon 2}$	$C_{\epsilon 3}$	C_μ	α_k	α_ϵ	η_0	β
Standard	1.44	1.92	-1.0	0.09	1.0	0.769	-	-
RNG	1.42	1.68	(Gl. 3.10)	0.0845	1.39	1.39	4.38	0.012

Tabelle 3.1: Parameter der implementierten k-ϵ-Turbulenzmodelle [56]

Neben der Turbulenzmodellierung sind noch weitere Größen für die Schließung der Navier-Stokes-Gleichungen notwendig. So werden in KIVA3V die thermodynamischen Zustandsgleichungen für die Gasphase als die eines idealen Gasgemisches über m-Spezies angesehen

$$p = R_0 T \sum_m (\rho_m / W_m) . \quad (3.11)$$

Der viskose Spannungstensor σ wird in folgender Form beschrieben

$$\sigma = \mu \left[\nabla u + (\nabla u)^T \right] - \frac{2}{3} \mu \nabla u I , \quad (3.12)$$

wobei I der Einheitstensor ist.
Die Viskosität setzt sich dabei aus laminarer und turbulenter Viskosität zusammen

$$\mu = \mu_l + \mu_t . \quad (3.13)$$

Die laminare Viskosität

$$\mu_l = \frac{A_1 T^{3/2}}{T + A_2} \quad (3.14)$$

ergibt sich aus der Sutherland-Formel mit den Konstanten A_1 und A_2. Die turbulente Viskosität

$$\mu_t = C_\mu \frac{k^2}{\epsilon} \quad (3.15)$$

wird direkt aus den Größen der Turbulenzmodellierung berechnet.
J ist der Wärmestromvektor, der sich aus der Summe von Wärmeleitung und Enthalpiediffusion zusammensetzt

$$J = -K \nabla T - \rho D \sum_m h_m \nabla (\rho_m / \rho) . \quad (3.16)$$

3.2 Einkomponenten Kraftstoffmodell

Zur Definition der Stoffeigenschaften der flüssigen Phase ist ein Einkomponenten-Kraftstoffmodell in KIVA3V implementiert. Als Ersatzkraftstoffe dienen dabei meist Alkane ($C_n H_{2n+2}$) oder selbstdefinierte Kohlenwasserstoffverbindungen, die den thermodynamischen Eigenschaften des realen Kraftstoffs weitestgehend entsprechen. Um den verschiedenen Modellen für Sprayausbreitung, Verdampfung, Zündung, Verbrennung und Schadstoffbildung zu genügen, müssen

zahlreiche thermodynamische Eigenschaften des Kraftstoffes verfügbar sein, die in einer Bibliothek hinterlegt sind. Die darin enthaltenen Tabellen der thermodynamischen Eigenschaften sind lediglich für die flüssige Phase des Ersatzkraftstoffs gültig und in äquidistanten Temperaturabständen bis hin zur kritischen Temperatur des Ersatzkraftstoffs angegeben.
Thermodynamische Eigenschaften von Kohlenwasserstoffen findet man in zahlreichen Tabellen und Büchern. Die Daten der in KIVA3V enthaltenen Kraftstoffe stammen hauptsächlich aus Tabellen von Vargaftik [58]. Andere wichtige Tabellenbücher diesbezüglich sind [59–61].

Die notwendigen thermodynamischen Eigenschaften sind im Einzelnen:

- Molgewicht
- kritische Temperatur
- Bildungsenthalpie
- Dichte
- Diffusion in Luft
- spezifische Enthalpie

- Verdampfungsenthalpie
- Dampfdruck
- dynamische Viskosität
- Oberflächenspannung
- Wärmeleitfähigkeit

Ist der Kraftstoff verdampft, wird dieser in der Gasphase als ideales Gas betrachtet. Entsprechend gelten dann die Gesetzmäßigkeiten aus Abschnitt 3.1.

3.3 Sprayberechnung

Die Berechnung eines Sprays in einer gasförmigen Umgebung ist äußerst aufwändig und erfordert die Berücksichtigung vieler Parameter und physikalischer Vorgänge. Zur Berechnung des Massen-, Impuls- und Energieaustauschs zwischen Gas und Spray müssen die Verteilungen von Tropfengröße, Tropfengeschwindigkeit und Tropfentemperatur berücksichtigt werden. Darüber hinaus müssen Oszillation und Verformung der Tropfen sowie der Tropfenaufbruch berechnet werden. Außerdem sind Tropfenkollision und Koaleszens nicht zu vernachlässigen.
Bei einem Einspritzvorgang besteht das Kraftstoffspray aus vielen Millionen Tröpfchen mit unterschiedlichen Größen und Temperaturen. Da das Lösen der notwendigen Gleichungen für jeden einzelnen Tropfen nicht praktikabel ist, wird in KIVA3V die so genannte Stochastic-Parcel-Methode verwendet, die auf der Monte-Carlo-Methode basiert. Die Stochastic-Parcel-Methode reduziert die Anzahl der Tropfen, indem mehrere Tropfen zu einem sogenannten Parcel zusammengefasst werden. Die Tropfen eines Parcels haben identische Eigenschaften. Die Masse des eingespritzten Kraftstoffs wird bei dieser Approximation berücksichtigt.

Zur einfacheren Beschreibung des Tropfenverhaltens sind drei Kennzahlen von besonderer Bedeutung. Im Folgenden ist mit dem Index tr die entsprechende Größe auf den Tropfen bezogen. Die Weber-Zahl,

$$We = \frac{\rho_{tr} u_{tr}^2 L}{\sigma},\tag{3.17}$$

ist das Verhältnis von Trägheitskraft zu Oberflächenspannung. Sie gibt an, wie sehr der Tropfen deformiert ist.
Die Reynold-Zahl,

$$Re = \frac{\rho_{tr} u_{tr} L}{\eta},\tag{3.18}$$

stellt das Verhältnis von Trägheitskraft zu Zähigkeitskraft des Tropfens dar. Sie gibt an, wie stark die Tropfenoberfläche gestört ist.

Die Ohnesorge-Zahln

$$Oh = \frac{\sqrt{We}}{Re} , \qquad (3.19)$$

ist aus der Weber-Zahl und der Reynold-Zahl abgeleitet und beschreibt den Zähigkeitseinfluss auf die Deformation des Tropfens.

Um das Spray beschreiben zu können wird in KIVA3V eine PDF-Funktion verwendet. Die Funktion

$$\frac{\partial f}{\partial t} + \nabla_x \cdot (f\,u) + \nabla_u \cdot (f\,a) + \frac{\partial}{\partial r}(f\frac{dr}{dt}) + \frac{\partial}{\partial T_{tr}}(f\frac{dT_{tr}}{dt}) = \dot{f}_Q(x,u,r,T_{tr}) \qquad (3.20)$$

enthält den Quellterm $\dot{f}_Q(x,u,r,T_{tr})$, der die zeitliche Änderung von f durch eingespritzte Brennstofftröpfchen, Tropfenaufbruch, Kollision, Verdampfung, Turbulenz, etc. angibt.
Mit der Verteilungsfunktion f können nun die Austauschvorgänge zwischen Tropfen und Gas beschrieben werden. Zu den Austauschvorgängen gehören die Änderung der Tropfenmasse durch Verdampfung

$$\dot{\rho}^s = -\int f \rho_{tr} 4\pi r^2 R_{vap}\, du\, dr\, dT_{tr} , \qquad (3.21)$$

die mit Hilfe der Änderung des Tropfenradiuses durch Verdampfung R_{vap} berechnet wird. R_{vap} wird dabei über die Sherwood-Zahl Sh[1] und den Massenanteil des Kraftstoffdampfes auf der Tropfenoberfläche Y_1^* sowie den Massenanteil des Kraftstoffes zur Gasmasse $Y_1 = \frac{\rho_1}{\rho}$ wie folgt berechnet

$$R_{vap} = -\frac{D_{AB}}{2\rho_f r}\frac{Y_1^* - Y_1}{1 - Y_1^*}Sh . \qquad (3.22)$$

Außerdem gehören zu den Austauschvorgängen die in das Gas durch Tropfenwiderstand, Massenkräfte und Impulsautausch eingebrachte Kraft

$$F^s = -\int f \rho_{tr}[4/3\pi r^3(F-g) + 4\pi r^2 R_{vap}\,u]\, du\, dr\, dT_{tr} , \qquad (3.23)$$

der Energieaustausch durch Verdampfung

$$\dot{Q}^s = -\int f \rho_{tr}\{4\pi r^2 R[I_f(T_{tr}) + 0.5(u-v)^2] +$$

$$4/3\pi r^3[C_f \dot{T}_{tr} + (F-g)\cdot(u-v-v')]\}\, du\, dr\, dT_{tr} \qquad (3.24)$$

und die negative Kraftänderung $\dot{W}^s$, bedingt durch turbulente Wirbel

$$\dot{W}^s = -\int f \rho_{tr} 4/3\pi r^3 (F-g)\cdot v'\, du\, dr\, dT_{tr} . \qquad (3.25)$$

3.3.1 Primäraufbruch

Der Primäraufbruch des Sprays findet bereits in der Düse statt und wird durch die Turbulenz sowie durch Kavitation in der Düse verursacht. Bei manchen CFD-Codes gibt es daher die Möglichkeit, die Ergebnisse einer CFD-Düseninnenströmungssimulation als Eingangsdatensatz für den Tropfenaustritt aus der Düse zu verwenden. Das setzt jedoch hohe Anforderungen an die Gittererstellung und die Zellgröße im Düsennahbereich voraus, da das Düsenloch mit einer genügend hohen Anzahl an Zellen abgebildet werden muss.

---
[1]Die Sherwood-Zahl beschreibt das Verhältnis der effektiv übergehenden Stoffmenge zu der durch Diffusion transportierten

Ein anderes Verfahren den Primäraufbruch zu modellieren, sind phänomenologische Modelle, wie das Blob-Modell von Reitz [21], das in KIVA3V und in vielen anderen bekannten CFD-Codes integriert ist. Das Blob-Modell gibt lediglich die initialen Tropfeneigenschaften beim Austritt aus der Düse vor. Dabei werden Tropfen, die sogenannten Blobs, mit einer vordefinierten Tropfengröße bzw. Tropfengrößenverteilung über einen vorher angegebenen Spraywinkel in den Brennraum eingebracht, wie es in Abbildung 3.1 dargestellt ist. Nachdem die Tropfen die Düse verlassen haben wirkt das Sekundäraufbruchsmodell auf den Tropfenaufbruch.

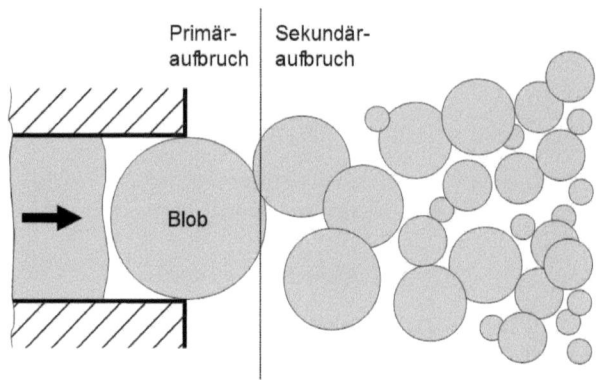

Abbildung 3.1: Schematische Darstellung der Funktionsweise des Blob-Modells

3.3.2 Sekundäraufbruch

Die Sekundäraufbruchsmodelle simulieren den aerodynamisch verursachten Tropfenzerfall. Dieser ist bedingt durch die Relativgeschwindigkeit zwischen Tropfen und Gasphase. In KIVA3V sind zwei verschiedene Aufbruchsmodelle integriert, die ebenfalls in vielen gängigen Simulationsprogrammen implementiert sind und als die geeignetsten Aufbruchsmodelle gelten. Diese Modelle sind das Kelvin-Helmholtz-Modell, das auch als Wave-Modell bekannt ist, sowie das Kelvin-Helmholtz/Rayleigh-Taylor-Modell.
Beim Kelvin-Helmholtz/Rayleigh-Taylor-Modell konkurrieren zwei verschiedene Aufbruchsmodelle gegeneinander. Die Modelle unterscheiden sich dabei in ihrer Art des Aufbruchsmechanismuses, der über die Weberzahl definiert ist.

Kelvin-Helmholtz-Modell

Das Kelvin-Helmholtz-Modell [24] geht von Instabilitäten auf der Tropfenoberfläche aus. Diese Instabilitäten in Form von Wellen bzw. Schwingungen werden durch aerodynamische Kräfte, bedingt durch die Relativgeschwindigkeit zwischen Tropfen und Umgebung, angeregt. Als Kriterium für die Bildung neuer Tropfen werden über den Zusammenhang zwischen Wellenlänge und Wachstumsrate die Wellen ermittelt, die instabil wachsen. Die Instabilität mit der größten Wachstumsrate führt dabei zur Bildung neuer Tropfen, in dem der Wellenkamm durch aerodynamische Kräfte abgeschert wird.
Die charakteristische Wellenlänge Λ,

$$\Lambda = \frac{9.02\ r(1 + 0.45\sqrt{\mathrm{Oh}})(1 + 0.4\ \mathrm{Ta}^{0.7})}{(1 + 0.865\ \mathrm{We}^{1.67})^{0.6}}, \qquad (3.26)$$

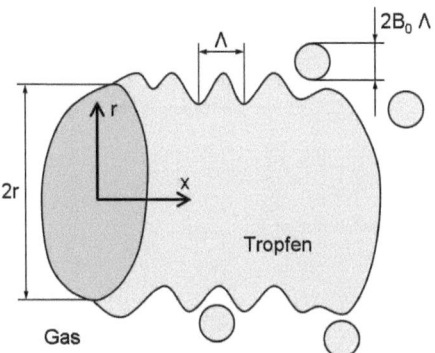

Abbildung 3.2: Schematische Darstellung der Funktionsweise des Kelvin-Helmholtz-Modells [2]

und die dazugehörige Wachstumsrate Ω,

$$\Omega = \frac{0.34 + 0.385 \, \text{We}^{1.5}}{(1 + \text{Oh})(1 + 1.4 \, \text{Ta}^{0.6})} \sqrt{\frac{\sigma}{\rho_l r^3}} \,, \tag{3.27}$$

berechnen sich über die Taylor-Zahl Ta, die Weber-Zahl We und die Ohne- sorge-Zahl Oh. Die Taylor-Zahl,

$$\text{Ta} = \frac{\rho \omega}{\eta} \cdot \sqrt{r}(r_a - r_i)^{\frac{3}{2}} \,, \tag{3.28}$$

errechnet sich aus der Tropfendichte ρ, der dynamischen Viskosität η, dem Tropfenradius r und der Abmessungen der Instabilitäten (r_a, r_i) sowie deren Winkelgeschwindigkeit ω. Die Taylor-Zahl ist ein Maß für die Ausbildung von Wirbeln bzw. Wellen auf der Tropfenoberfläche. Die Ausbildung der Wirbel reduziert sich mit steigender Viskosität des Kraftstofftropfens. Die Weber-Zahl We sowie die Ohnesorge-Zahl Oh wurden bereits in Abschnitt 3.3 beschrieben. Die Zeitskala τ,

$$\tau = \frac{0.3788 \, B_1 r}{\Omega \Lambda} \,, \tag{3.29}$$

repräsentiert die Zeitspanne zwischen zwei Tropfenaufbrüchen. Der Parameter B_1 wird an das Verhalten des Sprays angepasst und beschreibt nichtmodellierbare Einflüsse, zum Beispiel die Auswirkungen der geometrischen Bedingungen in der Düse auf den Tropfenaufbruch.
Die Größe des neu abgescherten Tropfens ist proportional zum Ausgangstropfen und errechnet sich mit dem Parameter B_0 wie folgt

$$r_1 = B_0 \cdot \Lambda \,. \tag{3.30}$$

Für die Änderung des Tropfenradiuses ergibt sich somit

$$\frac{dr}{dt} = -\frac{r - r_1}{\tau} \,. \tag{3.31}$$

Kelvin-Helmholtz- / Rayleigh-Taylor-Modell

Im Gegensatz zum Kelvin-Helmholtz-Modell, geht das Rayleigh-Taylor-Modell davon aus, dass der Tropfen beim Aufbruch vollständig zerbricht. Auch bei diesem Modell werden Instabilitäten auf der Tropfenoberfläche betrachtet, die durch die Abbremsung des Tropfens durch das ihn umgebende Gas verursacht werden. Das in KIVA3V verwendete Modell ist eine Abwandlung der ursprünglichen Taylor-Theorie. In der hier verwendeten Version wird die Annahme getroffen, dass die Wachstumsraten der Instabilitäten linear und die Viskositäten vernachlässigbar sind [24]. Außerdem werden die Phasen als inkompressibel angesehen.

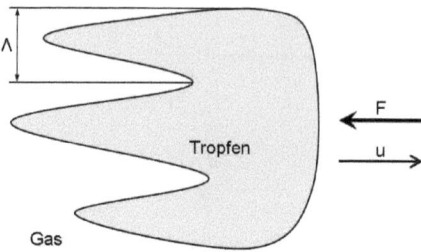

Abbildung 3.3: Schematische Darstellung der Funktionsweise des Rayleigh-Taylor-Modells [2]

Die Beschleunigung a des Tropfens, bedingt durch den Luftwiderstand, wird über die Relation Tropfenwiderstand zu Tropfenmasse ermittelt. Daraus ergibt sich die Wellenlänge

$$\Lambda = 2\pi \sqrt{\frac{3\sigma}{a\,\rho_l}}, \qquad (3.32)$$

für den Tropfen mit der Oberflächenspannung σ und der Dichte ρ_l sowie die Wellenlänge

$$\Omega = \sqrt{\frac{2a}{3}} \left[\frac{a\,\rho_l}{3\sigma}\right]^{1/4}. \qquad (3.33)$$

Die Aufbruchszeit

$$\tau = \sqrt{\frac{\rho_l 4\sqrt{3}}{\rho_g C_D}} \sqrt{\frac{8}{3C_D \mathrm{We}}} \qquad (3.34)$$

zwischen zwei Aufbrüchen wird über das Dichteverhältnis zwischen Tropfen und Gas sowie über die Weberzahl für das den Tropfen umgebende Gas ermittelt. Dabei ist C_D der Luftwiderstand des Tropfens.

Der Tropfen zerfällt nur, wenn die Wellenlänge Λ kleiner als der Tropfendurchmesser ist. Dabei zerfällt er vollständig zu neuen, kleineren Tropfen mit dem Radius

$$r_1 = \frac{1}{2}\Lambda. \qquad (3.35)$$

Wie bereits erwähnt, konkurrieren beim Kelvin-Helmholtz/Rayleigh-Taylor-Modell das Kelvin-Helmholtz- und das Rayleigh-Taylor-Modell gegeneinander. Welches Modell von beiden für den Sekundäraufbruch Verwendung findet, hängt dabei zunächst vom Abstand des betrachteten Tropfens zum Düsenaustritt ab.
Dafür wird die dimensionslose Länge

$$L = \frac{L_t}{L_b} \qquad (3.36)$$

berechnet. L_t ist dabei die Entfernung des betrachteten Tropfens vom Düsenaustritt. L_b ist die nach Levich berechnete Strahleindringtiefe, die in Abhängigkeit von der Umgebungs- und

Kraftstoffdichte sowie dem Düsendurchmesser d_0 und dem Parameter C in KIVA3V wie folgt berechnet wird,

$$L_b = C\sqrt{\frac{\rho_l}{\rho_g}} d_0 \ . \tag{3.37}$$

Die nun bekannte Länge L wird mit dem Paramter L_d über eine Größer-Kleiner-Betrachtung verglichen. Für den Fall, dass L kleiner als L_d ist, wird ausschließlich das Kelvin-Helmholtz-Modell verwendet. Im anderen Fall wird über die kleinere Aufbruchszeit bestimmt, ob Kelvin-Helmholtz oder Rayleigh-Taylor verwendet werden soll.

3.3.3 Tropfenkollision und Koaleszenz

Die Tropfenkollision hat Auswirkungen auf die Tropfendurchmesser und die Tropfengrößenverteilung. Durch sie können Interaktionsprozesse wie Massen-, Impuls- und Energieaustausch zwischen Tropfen und Gasphase stark beeinflusst werden. Daher wird der Tropfenkollision und Koaleszenz bei der Spraysimulation eine große Bedeutung zugeschrieben. Dafür muss zunächst die Wahrscheinlichkeit für eine Tropfenkollision berechnet werden. Diese ist von der Geschwindigkeit, der Bewegungsrichtung und natürlich der Tropfenverteilung im Spray abhängig. Aus diesen Bedingungen kann abgeleitet werden, dass die Wahrscheinlichkeit für eine Tropfenkollision vom Düsennahbereich zum Sprayrand bzw. zur Sprayspitze hin abnehmen muss [2].

In KIVA3V ist das Tropfenkollisions- und Koaleszensmodell nach O'Rourke [51] implementiert. Dieses beschreibt die Anzahl der Tropfenkollisionen in einer Gitterzelle und, bei stattfindender Kollision, die Art der Tropfeninteraktion.
Dazu wird zunächst für die betrachtete Zelle die Kollisionsfrequenz

$$v_{12} = \frac{N_2}{V_{Zelle}} \pi (r_1 + r_2)^2 u_{rel} \ , \tag{3.38}$$

berechnet. Die Indizes 1 und 2 beziehen sich auf die kollidierenden Parcels im Zellvolumen V_{Zelle}, wobei sich der Index 2 auf das Parcel mit den kleineren Tropfen bezieht. N_2 gibt die Anzahl der Tropfen in Parcel 2 an und r_1 und r_2 sind die Radien der Tropfen, die sich mit der Relativgeschwindigkeit u_{rel} bewegen. Abbildung 3.4 zeigt eine schematische Darstellung zweier kollidierender Parcel.

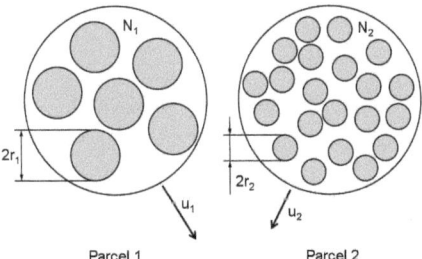

Abbildung 3.4: Schematische Darstellung zweier kollidierender Parcel

Über die Kollisionfrequenz kann schließlich die Kollisionswahrscheinlichkeit

$$P_n = e^{-v\Delta t} \frac{(v\Delta t)^2}{n!} \tag{3.39}$$

berechnet werden, die die Wahrscheinlichkeit für n Kollisionen zwischen einem Tropfen des Parcels 1 mit einem Tropfen des Parcels 2 angibt. Eine Kollision findet dann statt, wenn die Wahrscheinlichkeit für keine Kollision kleiner ist als eine Zufallszahl zwischen 0 und 1 [51]. Die Interaktion der kollidierenden Tropfen wird wiederum über eine Zufallszahl zwischen 0 und 1 gesteuert. Hierfür wird für die betroffenen Tropfen der kritische Aufschlagparameter b_{kr} berechnet, der sich aus dem Tropfenradius, der Relativgeschwindigkeit zwischen den Tropfen sowie der Oberflächenspannung berechnet. Ist die Zufallszahl kleiner als der kritische Aufschlagparameter, resultiert aus der Kollision Koaleszenz. Liegt der Wert darüber, tritt keine Koaleszenz auf [51].

3.4 Verdampfung

Die Verdampfung eines Kraftstofftropfens wird maßgeblich vom Wärme- und Massenaustausch zwischen den Phasen beeinflusst. In KIVA3V ist das Verdampfungsmodell von Spalding integriert [35, 36], das Konvektion und die eingebrachte Wärme zwischen Tropfen und dem ihn umgebenden Gas berücksichtigt.
Der Wärmeaustausch Q_r zwischen beiden Phasen

$$Q_r = -2\pi r k_g \Delta T \mathrm{Nu} \tag{3.40}$$

wird mit der Wärmeleitfähigkeit k_g, der Temperaturdifferenz zwischen Tropfen und Gas ΔT sowie der Nusselt-Zahl Nu berechnet. Letztere ist der entscheidende Term bei der Berechnung des Wärmeaustauschs und definiert die Verbesserung der Wärmeleitfähigkeit durch Störungen auf der Oberfläche des Tropfens.
Für den Fall eines verdampfenden Tropfens errechnet sich die Nusselt-Zahl Nu über die Reynold-Zahl Re, die Prandtl-Zahl Pr sowie die Spalding-Massenaustausch-Zahl B wie folgt

$$\mathrm{Nu} = (2 + 0.6\,\mathrm{Re}^{1/2}\,\mathrm{Pr}^{1/3})\frac{ln(1+B)}{B}\,. \tag{3.41}$$

Die Prandtl-Zahl Pr_{tr} gibt dabei das Verhältnis zwischen kinematischer Viskosität und Wärmeleitfähigkeit an. Die Spalding-Massenaustausch-Zahl B

$$B = \frac{W_{f,s} - W_{f,\infty}}{1 - W_{f,s}} \tag{3.42}$$

ergibt sich aus dem Massenanteil des verdampften Kraftstoffs in der Verdampfungszone W_f, wobei sich der Index s auf die Tropfenoberfläche und ∞ auf die Region der freien Strömung bezieht.

Der Massenaustausch $\dot{W}_A$ vom Tropfen mit seiner Umgebung

$$\dot{W}_A = 2\pi \rho D_{AB} ln(B+1)[2 + 0.6\mathrm{Re}^{1/2}\,\mathrm{Sc}^{1/3}] \tag{3.43}$$

berechnet sich aus den bereits bekannten Größen und dem Diffusionskoeffizienten des Kraftstoffdampfes in Luft D_{AB} sowie über die Schmidt-Zahl Sc, die das Verhältnis von konvektivem zu diffusivem Stofftransport angibt.
Ausgehend von Gleichung 3.40 leitet Spalding die Energietransferzahl B_T ab

$$B_T = \frac{c_p(T_\infty - T_s)}{Q}\,. \tag{3.44}$$

Q stellt in diesem Fall die Gesamtenergie dar, die der Tropfen pro Einheit der verdampften Masse zugeführt bekommt. c_p ist die spezifische Wärmekapazität des Tropfens bei konstantem Druck. Der Index T dient lediglich zur Unterscheidung von der Spalding-Massenaustausch-Zahl B.

3.5 Zündung

Für die Modellierung der Selbstzündung von Dieselkraftstoffen ist in KIVA3V ein kinetisches Mehrschrittmodell (Shell-Zündmodell) implementiert worden. Dieses Modell basiert auf dem Klopfmodell von Shell, welches das Klopfen im Ottomotor unter hohen Temperaturen und Drücken nachbildet. Das Zündmodell modelliert über mehrere chemische Schritte die Selbstzündung des Kraftstoff-Luft-Gemischs in einer Zelle. Dabei werden die elementaren Schritte wie Initiierung, Fortpflanzung, Verzweigung und Auslöschung berücksichtigt [40].

Im Modell werden acht Reaktionsgleichungen mit fünf verschiedenen Spezies gelöst.

1. $RH + O_2 \rightarrow 2\,R^*$
2. $R^* \rightarrow R^* + P + \text{Wärme}$
3. $R^* \rightarrow R^* + B$
4. $R^* \rightarrow R^* + Q$
5. $R^* + Q \rightarrow R^* + B$
6. $B \rightarrow 2\,R^*$
7. $R^* \rightarrow \text{Kettenabbruch}$
8. $2\,R^* \rightarrow \text{Kettenabbruch}$

RH repräsentiert den Kraftstoff, O_2 ist der Sauerstoff der für die Verbrennung notwendig ist. R^* stellt ein Radikal dar, P sind Oxidationsprodukte wie H_2O, CO oder CO_2, Q ist ein instabiles Zwischen- und B ein Kettenverzweigungsprodukt.
In Abbildung 3.5 sind die acht Reaktionsgleichungen schematisch dargestellt. Die Nummern entsprechen der Reihenfolge der Gleichungen.

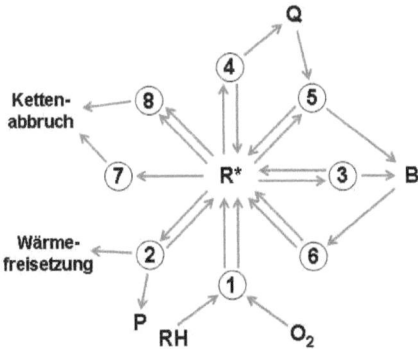

Abbildung 3.5: Schematische Darstellung der Shell-Modell-Reaktionsgleichungen

Die Umsetzungsgeschwindigkeiten der Reaktionen werden über Arrheniusgleichungen angegeben. Die dafür erforderlichen Parameter wurden aus Messungen mit dem Ersatzkraftstoff Hexadekan empirisch ermittelt [40]. Die Verwendung anderer Ersatzkraftstoffe ist bei Anpassung einiger, weniger Parameter zulässig.

3.6 Verbrennung

Das Characteristic-Timescale-Combustion-Modell (CTC-Modell), das auch laminares und turbulentes Zeitskalenmodell genannt wird, wurde für KIVA3V auf die Besonderheiten der Dieselverbrennung von Kong [42] erweitert. Es bildet zusammen mit dem Shell-Zündmodell den komplexen Zündungs- und Verbrennungsprozess phänomenologisch ab. Dabei wird ab einer einstellbaren lokalen Gastemperatur und unter Berücksichtigung des bereits umgesetzten Kraftstoffs vom Zünd- auf das Verbrennungsmodell gewechselt.

Das Modell gibt die zeitliche Änderung des Massenbruchs Y_m einer Spezies m aufgrund chemischer Umwandlung wie folgt an

$$\frac{dY_m}{dt} = -\frac{dY_m - dY_m^*}{\tau_c} . \tag{3.45}$$

Y_m^* ist der momentane, lokale Wert des Massenbruchs für thermodynamisches Gleichgewicht und τ_c stellt die charakteristische Zeitskala dar, die benötigt wird, um dieses Gleichgewicht zu erreichen. Die berücksichtigten Spezies sind neben dem Brennstoff, O_2, N_2, CO_2, CO, H_2 und H_2O. Für diese sieben Spezies wird angenommen, dass das Gleichgewicht innerhalb der selben Zeitskala τ_c erreicht wird.

Die charakteristische Zeitskala τ_c

$$\tau_c = \tau_l + f\tau_t \tag{3.46}$$

ist der entscheidende Faktor bei diesem Modell und ist die Summe aus der laminaren τ_l und der turbulenten Zeitskala τ_t.
Die laminare Zeitskala τ_l ist von einer Einschritt-Reaktionsgleichung nach Arrhenius abgeleitet

$$\tau_l = A^{-1}[RH]^{0.75}[O_2]^{-1.5} exp(\frac{E}{R_0 T}) . \tag{3.47}$$

Der Vorfaktor A sowie die Aktivierungsenergie E ergeben sich aus dem verwendeten Modellkraftstoff.

Die turbulente Zeitskala τ_t

$$\tau_t = C_2\, k/\epsilon \tag{3.48}$$

ist proportional zu den Turbulenzgrößen k und ϵ. C_2 ist der bei der Verbrennungssimulation einzustellende Parameter.
Die Variable f

$$f = \frac{1 - e^{-r}}{0.632} \tag{3.49}$$

in Gleichung 3.46 ist eine Funktion der lokalen Zusammensetzung r

$$r = \frac{Y_{CO_2} + Y_{H_2O} + Y_{CO} + Y_{H_2}}{1 - Y_{N_2}} , \tag{3.50}$$

die den Fortschritt der lokalen Verbrennung im betrachteten Zellvolumen angibt.

3.7 Emissionsbildung

Bei der dieselmotorischen Verbrennung sind die Stickoxidbildung sowie die Rußentstehung und -oxidation von besonderem Interesse, da diese Schadstoffe bei der Emissionsgesetzgebung im Vordergrund stehen. Unverbrannte Kohlenwasserstoffe sowie Kohlenmonoxid ergeben sich direkt aus der Verbrennungsmodellierung und werden daher nicht gesondert behandelt.

3.7.1 Stickoxide

Bei Stickoxiden (NO_X) wird zwischen verschiedenen Entstehungsformen bei jeweils unterschiedlichen lokalen Verbrennungsbedingungen unterschieden:

- thermisches NO_X
- Prompt- NO_X
- Kraftstoff- NO_X
- NO_X aus Stickstoffoxid

Bei hohen Temperaturen, die bei der dieselmotorischen Verbrennung anzutreffen sind, überwiegt das thermische NO_X mit 80 bis 95% [39]. Daher wird bei der Verbrennungssimulation oft nur das thermische NO_X berücksichtigt. In KIVA3V wird dafür der erweiterte Zeldovich-Mechanismus verwendet [62]. Dieser umfasst drei Reaktionsgleichungen zur NO_X-Bildung:

1. $O + N_2 \overset{k_{1,+/-}}{\leftrightarrow} NO + N$
2. $N + O_2 \overset{k_{2,+/-}}{\leftrightarrow} NO + O$
3. $N + OH \overset{k_{3,+/-}}{\leftrightarrow} NO + H$

Die Geschwindigkeitskonstanten $k_{n,+/-}$ werden über einen Arrheniusansatz berechnet

$$k_{n,+/-} = A_{n,+/-} T^{B_{n,+/-}} exp(-\frac{E_{n,+/-}}{R_0 T}). \quad (3.51)$$

Der Index n bezieht sich auf die erste, zweite oder dritte Reaktionsgleichung des erweiterten Zeldovich-Mechanismus, jeweils für die Hin- (+) und Rückreaktion (-). Eine Übersicht über die in KIVA3V verwendeten Zahlenwerte gibt Tabelle 3.2. Andere Autoren haben abweichende Werte experimentell ermittelt. Auf diese wird in Kapitel 5.3 eingegangen.

Parameter	A	B	E	Quelle
Einheit	[m^3/kmols]	[−]	[J/kmol]	
$k_{1,+}$	$4.93 \cdot 10^{10}$	0.0472	$3.167 \cdot 10^8$	[63,64]
$k_{1,-}$	$3.1 \cdot 10^{10}$	0.0	$1.396 \cdot 10^6$	[64,78]
$k_{2,+}$	$6.4 \cdot 10^6$	1.0	$2.619 \cdot 10^7$	[2,7,39,64,65]
$k_{2,-}$	$3.2 \cdot 10^6$	1.0	$1.6371 \cdot 10^8$	[64,65]
$k_{3,+}$	$3.0 \cdot 10^{10}$	0.0	0.0	[7,66]
$k_{3,-}$	$6.76 \cdot 10^{11}$	−0.212	$2.067 \cdot 10^8$	[63,64]

Tabelle 3.2: Empirische Konstanten der Arrheniusgleichungen zur Berechnung der Geschwindigkeitskonstanten für die Hin- und Rückreaktionen

Unter der Annahme eines stationären Zustandes für Stickstoff kann die NO_X-Entstehung wie folgt formuliert werden

$$\frac{d}{dt}[NO] = 2k_{1,+}[O][N_2] \left\{ \frac{1 - [NO]^2/K_{12}[O_2][N_2]}{1 + k_{1,-}[NO]/(k_{2,+}[O_2] + k_{3,+}[OH])} \right\} . \quad (3.52)$$

Die Konstante K_{12} ist die Gleichgewichtskonstante und ergibt sich wie folgt

$$K_{12} = \frac{k_{1,+}/k_{1,-}}{k_{2,+}/k_{2,-}} . \quad (3.53)$$

Da das Modell nicht zwischen NO und NO_2 unterscheidet, wird die NO_X-Konzentration pro Zelle mit dem Faktor 1.533 multipliziert. Dieser Faktor ergibt sich aus dem Verhältnis der molekularen Massen von NO_2 zu NO [62].

3.7.2 Ruß

Zur Simulation der Rußbildung und -oxidation kommen zwei kombinierte Modelle zum Einsatz [62]. Die Rußbildung wird nach Hiroyasu [47] modelliert, die Rußoxidation geschieht über einen Ansatz nach Nagele und Strickland-Constable [48]. Die zeitliche Änderung der Rußmasse

$$\frac{d(m_s)}{dt} = \dot{m}_{sf} - \dot{m}_{so} \tag{3.54}$$

errechnet sich dabei aus der Bildungsrate $\dot{m}_{sf}$ und der Rußoxidation $\dot{m}_{so}$.
Die Bildungsrate in Arrheniusform

$$\dot{m}_{sf} = m_{fv} A_{sf} p^{0.5} exp(-\frac{E_{so}}{R_0 T}) \tag{3.55}$$

wird mit m_{fv} als der Masse des verdampften Kraftstoffs berechnet.
Bei der Rußoxidation kommt bei Nagele und Strickland-Constable ein empirisches Modell zum Einsatz, das die Oxidationsrate $\dot{m}_{so}$ proportional zur vorhanden Rußmasse m_s setzt

$$\dot{m}_{so} = m_s \frac{6 W_{NSC}}{\rho_s D_s} . \tag{3.56}$$

Für die Rußdichte ρ_s und die Rußpartikelgröße D_s werden gemessene, mittlere Werte angenommen. Der Parameter W_{NSC}

$$W_{NSC} = \left(\frac{k_A p_{O_2}}{1 + k_Z p_{O_2}}\right) x + k_B p_{O_2}(1 - x) \tag{3.57}$$

ist die Massenänderung des oxidierenden Rußes bezogen auf seine Oberfläche [2].

Kapitel 4

Anpassung der Modelle

Bei der Simulation schwerölbetriebener, mittelschnelllaufender Großdieselmotoren müssen einige Dinge berücksichtigt werden, denen bei der Simulation von schnelllaufenden Dieselmotoren keine oder nur geringe Beachtung geschenkt werden muss. So bringen allein die geometrischen Abmessungen des Brennraums Probleme mit sich, die bei kleineren Motoren nicht auftreten. Auch höhere Zylinderdrücke und die großen Mengen eingespritzten Kraftstoffs sind nicht unproblematisch.

Neben dem Größenunterschied sind in erster Linie die Kraftstoffe zu nennen, die den Hauptunterschied ausmachen. Bei marinen Anwendungen ist dies hauptsächlich Schweröl. Aufgrund der aktuellen CO_2-Diskussion treten aber auch zunehmend regenerative Kraftstoffe wie Raps-, Palm- oder Sojaöl, überwiegend für Stationärmotoren, in den Vordergrund. Auch Schlachtabfälle finden als Nischenkraftstoff Verwendung.
Aufgrund der unterschiedlichen Kraftstoffeigenschaften mariner Kraftstoffe und deren Verunreinigungen wie Schwefel oder Asche, insbesondere bei Schweröl, werden zusätzliche Emissionen, wie zum Beispiel SO_X, bei der Verbrennung freigesetzt.
Diese Unterschiede bewirken, dass für die CFD-Verbrennungssimulation die im Code vorhandenen Modelle an die Besonderheiten schwerölbetriebener mittelschnelllaufender Großdieselmotoren angepasst oder sogar neue Modelle implementiert werden müssen. Im folgenden Kapitel werden die im Rahmen dieser Arbeit durchgeführten Änderungen beschrieben. Die Auswirkungen auf die Simulationsergebnisse werden in Kapitel 5 diskutiert.

4.1 Einfluss des Realgasverhaltens

In KIVA3V wird von einem idealen Gasgemisch ausgegangen. Damit gelten die thermischen und kalorischen Zustandsgleichungen. Für den Druck p, die innere Energie I und die spezifische Enthalpie h_m der Spezies m gilt daher

$$p = R_0 T \sum_m \left(\frac{\rho_m}{W_m}\right) , \tag{4.1}$$

$$I(T) = \sum_m \left(\frac{\rho_m}{\rho}\right) I_m(T) , \tag{4.2}$$

$$h_m(T) = I_m(T) + \frac{R_0 T}{W_m} . \tag{4.3}$$

Wie bereits im Vorfeld erwähnt, treten bei Großdieselmotoren weitaus höhere Zylinderspitzendrücke auf, als es bei schnelllaufenden Motoren der Fall ist. Die Annahme des Idealgasverhaltens ist daher nicht mehr ausreichend, wie Abbildung 4.1 verdeutlicht. Beim MAN Diesel SE Versuchsmotor 1L32/40 mit 32 cm Bohrungsdurchmesser und 40 cm Hub liegt der mit Idealgas berechnete Verdichtungsenddruck bei der Annahme eines geschleppten Motors ca. 5% unter dem gemessenen Druck. Folglich wird in KIVA3V mit der Idealgasannahme der Zylinderdruck im Vergleich zur Messung stets unterschritten.

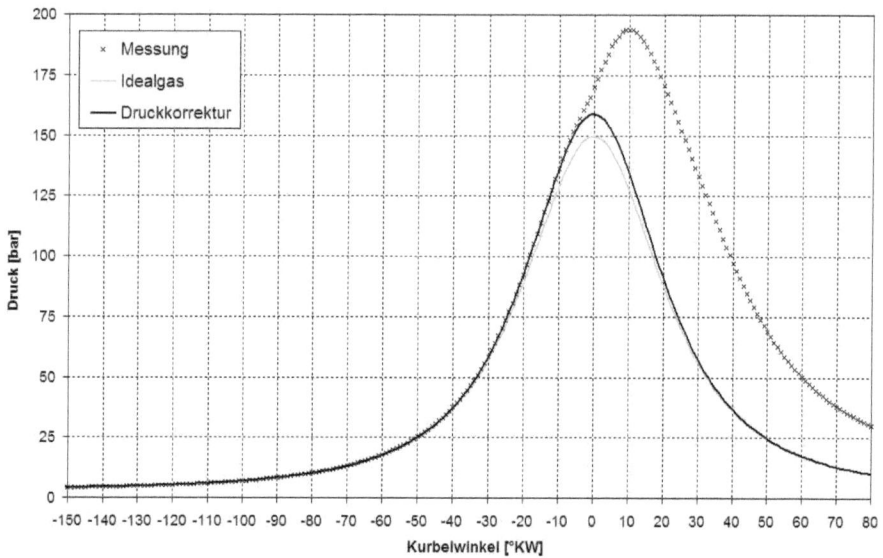

Abbildung 4.1: Einfluss des Idealgasverhaltens und der Druckkorrektur nach Zacharias auf den Verdichtungsenddruck ohne Verbrennung im Vergleich zu einem gemessen Druckverlauf mit Verbrennung

Um diesen Fehler zu korrigieren, wurde eine Realgaskorrektur nach Zacharias [67] implementiert. Generell wird diese für die thermodynamischen Zustandsgleichungen folgendermaßen ergänzt

$$p = Z \cdot R_0 T \sum_m \left(\frac{\rho_m}{W_m}\right) , \qquad (4.4)$$

$$I(T) = \sum_m \left(\frac{\rho_m}{\rho}\right) I_m(T) + I_{res} , \qquad (4.5)$$

$$h_m(T) = I_m(T) + \frac{R_0 T}{W_m} + h_{res} . \qquad (4.6)$$

Die Korrekturgrößen Z, I_{res} und h_{res} sind abhängig vom Druck und der Temperatur des Gases sowie von dessen Zusammensetzung. Da KIVA3V mit einem Gasgemisch bestehend aus mehreren Komponenten arbeitet, wäre eine Implementierung einer entsprechenden thermodynamischen Zustandsgleichung sehr aufwändig, da für jede Komponente entsprechende Tabellen und Transportgleichungen implementiert werden müssten. Daher wurde lediglich für die Druckgleichung die Korrektur eingeführt. Die Korrekturterme der inneren Energie I_{res} und der Enthalpie h_{res} wurden nicht korrigiert, da diese aufgrund des Stickstoffüberschusses von 70% während eines Motorzyklusses nicht besonders ins Gewicht fallen [67]. Für die Druckkorrektur wurde demzufolge das Gasgemisch auf Stickstoff reduziert. Die daraus folgende Gleichung für den Druckkorrekturfaktor Z ergibt sich demnach in Abhängigkeit von Druck und Temperatur wie folgt

$$Z(p,T) = 1 + a + (b + c \log(T))p \ . \tag{4.7}$$

Die Konstanten a, b und c wurden nach Zacharias [68] abgeleitet. In Abbildung 4.1 ist die Auswirkung der Druckkorrektur auf den Verdichtungsenddruck dargestellt.

4.2 Anpassung des Turbulenzmodells

Für die Simulation von Dieselmotoren mit Direkteinspritzung ist die Strahlausbreitung des Dieselsprays von entscheidender Bedeutung. Durch das Spray wird bei der Verbrennungssimulation die für die Gemischbildung notwendige Turbulenz in das Simulationsvolumen eingebracht. Das Turbulenzmodell spielt dabei eine entscheidende Rolle.
Wie in Abschnitt 3.1 bereits erwähnt, sind in KIVA3V das Standard k-ϵ- und das RNG-k-ϵ-Turbulenzmodell implementiert. Nach zahlreichen Untersuchungen an Gasfreistrahlen [9–11], die dem Verhalten von Dieselspray sehr nahe kommen, ist bekannt, dass das Standard k-ϵ-Modell sehr diffusiv wirkt und die Strahlaufweitung bei ruhender Umgebung um ca. 30% überschätzt. Dies führt zu einer starken Reduzierung der Strahleindringtiefe. Zur Korrektur dieses Problems wurde von Han [12] das RNG-k-ϵ-Turbulenzmodell in KIVA3V implementiert, das in Abschnitt 3.1 bereits erläutert wurde. Der zusätzliche Term $\rho R_{k-\epsilon}$ reduziert die turbulente Viskosität bei hohen Schergeschwindigkeitsgradienten und führt so zu einer größeren Eindringtiefe und reduzierten Strahlaufweitung. Untersuchungen haben jedoch gezeigt, dass dieses Turbulenzmodell die Strahlaufweitung unterschätzt [69, 70] bzw. die Strahleindringtiefe überschätzt. Neben einer Erweiterung des k-ϵ-Modells, wie es das RNG-k-ϵ-Modell darstellt, sind in der Literatur noch zahlreiche Modifikationen des Standard k-ϵ-Turbulenzmodells bekannt, die dem diffusiven Charakter des Modells entgegen wirken. Diese modifizierten Modelle beruhen auf der Anpassung der Parameter in der Diffusionsgleichung.
Eine Möglichkeit der Modifizierung stammt von McGuirk und Rodi [71], bei denen sich der Parameter $C_{\epsilon 1}$ für die Dissipationsgleichung (Gleichung 3.7 aus Kapitel 3.1) aus der Beziehung der Strahlaufweitung und der Strahlgeschwindigkeit auf der Strahlachse u_{cl} wie folgt berechnet

$$C_{\epsilon 1} = 1.14 - 5.31 \frac{y_{1/2}}{u_{cl}} \nabla \cdot u_{cl} \ . \tag{4.8}$$

$y_{1/2}$ ist der Abstand zur Strahlachse, bei dem die Geschwindigkeit auf die Hälfte der Strahlachsgeschwindigkeit abgesunken ist.
Morse [72] bezieht den Parameter lediglich auf die Änderung der turbulenten Zeitskala k/ϵ und der abgeleiteten Geschwindigkeit u

$$C_{\epsilon 1} = 1.4 - 3.4 \left(\frac{k}{\epsilon} \nabla \cdot u\right)^3 \ . \tag{4.9}$$

Launder [73] setzt den Parameter $C_{\epsilon 2}$ ebenfalls in Bezug zu $y_{1/2}$ und der Strahlachsengeschwindigkeit u_{cl}

$$C_{\epsilon 2} = 1.92 - 0.667 \left(\frac{y_{1/2}}{2u_{cl}} [|\nabla \cdot u_{cl}| - \nabla \cdot u_{cl}]\right)^{0.2} \ . \tag{4.10}$$

Zum besseren Verständnis ist in Abbildung 4.2 eine schematische Darstellung eines Gasfreistrahls zu sehen.
Nach Untersuchungen von Pope [10] sind diese Parametermodifikationen jedoch nur für runde Gasfreistrahlen zulässig, wobei für das Standard k-ϵ-Turbulenzmodell ein konstanter Wert von

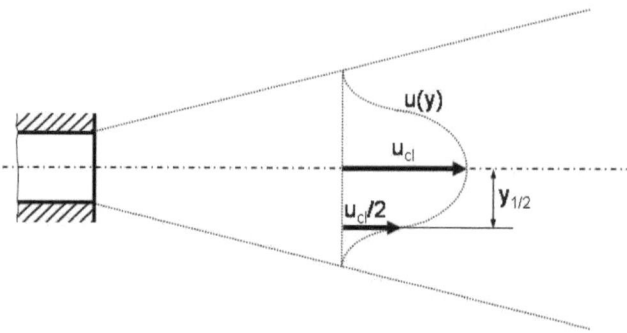

Abbildung 4.2: Schematische Darstellung der Strahlgeschwindigkeit eines Gasfreistrahls

$C_{\epsilon 1} = 1.60$ denselben Effekt liefert. Pope bemängelt bei der Bestimmung von 4.8, 4.9 und 4.10, dass sie keiner physikalischen Erklärung gerecht werden. Änderungen der Strahlachsgeschwindigkeit wirken sich hier augenblicklich auf den gesamten Strahl aus. Pope schlägt daher vor, die Skalenreduktion, die aus der Streckung der turbulenten Wirbelröhren aufgrund des gemittelten Strömungsfelds resultiert, zu berücksichtigen. Hierzu erweitert er die Dissipationsgleichung um einen weiteren Term, dessen Konstante jedoch an den jeweils betrachteten Fall angepasst werden muss und daher nicht allgemeingültig ist.
Die für diese Arbeit verwendete Anpassung des Paramaters $C_{\epsilon 1} = 1.52$ wurde nach der Arbeit von Janicka und Peters [8] gesetzt. Der Parameter wurde aus dem Mittelwert des Standardwertes $C_{\epsilon 1} = 1.44$ und dem von Pope genannten Wert $C_{\epsilon 1} = 1.60$ bestimmt.

4.3 Kraftstoffe

Wie zuvor erwähnt, können zum Betrieb von Großdieselmotoren viele unterschiedliche Kraftstoffe eingesetzt werden. In dieser Arbeit wurden ausschließlich marine, auf Erdöl basierende Kraftstoffe berücksichtigt.
Erdöl besteht aus einer Vielzahl verschiedener Kohlenwasserstoffe, die man in vier Gruppen, nämlich Alkane (früher Paraffine), Olefine, Naphtene und Aromate, einteilen kann. Diese Gruppen unterscheiden sich in der Art des Molekülaufbaus und innerhalb dieser Gruppen in der Anzahl der C-H-Atome. Je nach Größe der Kohlenwasserstoffverbindungen besitzen diese unterschiedliche Siedepunkte zwischen -160°C und 600°C [74]. Zur Gewinnung von Kraftstoffen macht man sich diese Eigenschaft zunutze. In der Raffinerie wird das Erdöl zunächst von Fremdstoffen und festen Bestandteilen gereinigt und anschließend separiert. Die wichtigste Form der Separation ist dabei das Destillieren, wobei zwischen der atmosphärischen und der Vakuumdestillation unterschieden wird. Da langkettige Kohlenwasserstoffverbindungen ab ca. 350°C auseinanderbrechen, wird das Destillieren zur Schonung dieser Moleküle im Vakuum durchgeführt. Andere Separationsverfahren sind die Absorption, Stripping sowie die Extraktion.
Nach der Separation des Kraftstoffs erfolgt die chemische Umwandlung im Reaktor. Dabei werden die Moleküle in ihrer Zusammensetzung verändert. Verfahren dazu sind zum einen das thermische Cracken bei Temperaturen ab 350°C sowie die Isomerisation. Die chemische Umwandlung dient lediglich dazu, aus schwersiedenden, also langkettigen, Kohlenwasserstoffen leichtere bzw. schwerere herzustellen, um so die Menge des ein oder anderen Kraftstoffs zu

erhöhen.
Am Ende des Raffinerieprozesses steht der Reinigungs- und Veredelungsprozess. Hier sind vor allem die Entschwefelung sowie die Säurebehandlung zur Reinigung oder Stabilisierung der Brennstoffe zu nennen. Zur Veredelung werden entweder höhersiedende Brennstoffe beigemengt oder sogenannte Additive eingesetzt. Die so gewonnenen Kraftstoffe werden vor allem nach ihrer Viskosität und Dichte unterschieden.

4.3.1 Marine Gasöl

Marine Gasöl (MGO - Marine Gas Oil) ist ein Mitteldestillat des Erdöls und darf somit keine Rückstandsöle enthalten. Schwefel ist in sehr geringen Konzentrationen vorhanden.
Die Kraftstoffeigenschaften unterliegen internationalen Standards wie der ISO 8217 bzw. der Einteilung der CIMAC (Conseil International des Machines A Combustion), die auf der Norm ISO 8217 basiert. Die zulässigen Werte der Kraftstoffeigenschaften von MGO sind in Tabelle 4.1 aufgezeigt. MGO ist eine durchsichtige, gelbliche Flüssigkeit mit geringer Viskosität [75] und ist vergleichbar mit herkömmlichem Diesel bzw. Heizöl [76].

4.3.2 Marine Dieselöl

Marine Dieselöl (MDO - Marine Diesel Oil oder MDF - Marine Diesel Fuel) ist ein schweres Destillat oder ein aus einer Mischung von Destillaten und geringer Mengen an Rückständen bestehender Brennstoff, der ausschließlich für die Schifffahrt angeboten wird. Für die Mischung, die eine bräunliche bis schwarze Farbe aufweist, wird auch der Name blended MDF verwendet [13, 75]. Tabelle 4.1 zeigt die Kraftstoffeigenschaften von MDF und blended MDF.

4.3.3 Schweröl

Bei Großdieselmotoren wird im Marinebereich hauptsächlich Schweröl (HFO - Heavy Fuel Oil) als Kraftstoff verwendet. Schweröl ist eine Mischung aus Rückstandsölen und kann als Abfallprodukt bei der Destillation von Rohöl angesehen werden. Daher sind Schweröle erheblich preisgünstiger als Destillate wie zum Beispiel Benzin, Diesel oder Heizöl.
Schweröle sind in der Norm ISO 8217 spezifiziert. Die CIMAC hat auf Basis dieser Norm eine Einteilung der Schweröle anhand der physikalisch-chemischen Eigenschaften vorgenommen. Um die ISO 8217 einhalten zu können, werden den Schwerölen in der Regel entsprechende Anteile an Destillaten beigemischt.
Im Vergleich zu Destillaten haben Schweröle außer einer höheren Viskosität auch eine höhere Dichte, einen hohen Schwefelgehalt sowie einen erheblich höheren Anteil an unbrennbaren Elementen (Asche). Die Zünd- und Durchbrenneigenschaften sind erheblich schlechter. Dies ist durch einen hohen Aromaten- bzw. Asphaltengehalt begründet. Zudem können Wasser und feste, verschleißfördernde Partikel im Schweröl vorhanden sein. Eine Übersicht über die große Bandbreite der Kraftstoffeigenschaften von HFO kann Tabelle 4.1 und den Abbildungen 4.3 und 4.4 entnommen werden.
Je nach Herkunftsland des Rohöls und in Abhängigkeit der Destillationsverfahren in den Raffinerien können die Eigenschaften und Zusammensetzungen von Schweröl sehr stark variieren. Durch zunehmend besser werdende Verfahrensprozesse werden aus Rohöl immer größere Mengen an Destillaten gewonnen, wodurch sich die Qualität des Schweröls zunehmend verschlechtert [13]. Dies hat aufgrund der Zunahme des Aromatenanteils wiederum eine negativ Auswirkung auf die Zündwilligkeit des Schweröls.
Um Schweröl im Dieselmotor überhaupt verbrennen zu können, muss der Kraftstoff zunächst aufbereitet werden. Damit werden Verunreinigungen der unerwünschten Begleitstoffe wie Wasser oder feste Rückstände beseitigt bzw. weitgehend reduziert. Aufgrund der allgemein hohen

Viskosität von Schweröl muss dieses vor der Verwendung vorgewärmt werden, um die notwendige Einspritzviskosität für einen optimalen Motorbetrieb zu erreichen. Die Temperaturen liegen dabei zwischen 90 und 170°C, je nach Viskosität des Kraftstoffs.

Eigenschaft	Einheit	MGO	MDF	blen. MDF	HFO
Dichte @ 15°C	[kg/m³]	820-890	900	920	975-1010
Viskosität @ 40°C	[mm²/s]	1,5-6	2,5-11	4-14	40-700
Sedimentgehalt	[Gew.-%]	≤ 0,01	< 0,01	< 0,1	< 0,1
Wassergehalt	[Vol.-%]	≤ 0,05	< 0,3	< 0,3	0,5-1
Schwefelgehalt	[Gew.-%]	≤ 1,5	< 2,0	< 2,0	3,5-5
Aschegehalt	[Gew.-%]	≤ 0,01	< 0,01	< 0,03	0,1-0,2
Koksgehalt	[Gew.-%]	≤ 0,1	< 0,3	< 2,5	10-22

Tabelle 4.1: Maximal zulässige Werte der Brennstoffeigenschaften für MGO, MDF und HFO [75]

4.3.4 Erweitertes Kraftstoffmodell

Für die Erstellung und Implementierung der Kraftstoffmodelle für MGO, MDF und HFO sind detaillierte Stoffwertetabellen notwendig. Die benötigten Daten wurden bereits in Abschnitt 3.2 aufgeführt. Diese sind für MGO, MDF und HFO zum großen Teil von „Shell Marine Products" zur Verfügung gestellt worden und mussten lediglich entsprechend dem Kraftstoff bis zu dessen kritischer Temperatur extrapoliert werden. Für die nicht verfügbaren Daten wurden Ersatzstoffwerte von Alkanen verwendet, die in ihren Stoffwerten dem neuen Ersatzkraftstoff am nächsten kamen. Die Daten hierzu wurden aus der Literatur [58–61] entnommen.

Neben der Ergänzung der Kraftstoffbibliothek um die drei neuen Kraftstoffen für MGO, MDF und HFO musste noch der großen Bandbreite der Kraftstoffeigenschaften von Schwerölen Rechnung getragen werden. Bei der Verbrennungs- oder Strahlausbreitungssimulation ist vor allem die Anpassung der Dichte, Viskosität und des Heizwertes je nach verwendetem Schweröl notwendig. Obwohl die Oberflächenspannung, gerade für die Sprayausbreitung, ein sehr wichtiger und je nach Schweröl variierender Stoffwert ist, musste auf eine Anpassungsmöglichkeit verzichtet werden. Aufgrund unzureichender Daten aus Kraftstoffstandardmessungen war es nicht möglich, eine Anpassungsfunktion abzuleiten. Darüber hinaus haben spätere Sprayausbreitungssimulationen aus Abschnitt 5.1 gezeigt, dass für die in dieser Arbeit verwendeten Aufbruchsmodelle die Oberflächenspannung einen geringeren Einfluss auf den Sekundäraufbruch hat als die Viskosität oder Dichte des Kraftstoffs.

Dichteanpassung Die Dichte des Kraftstoffs ist bei der Verbrennungs- und Sprayausbreitungssimulation für die Bestimmung der Einspritzgeschwindigkeit von erheblicher Bedeutung. Daher wurde eine Funktion in KIVA3V implementiert, um die variierenden Kraftstoffdichten bei unterschiedlichen Vorheiztemperaturen darzustellen. Als bekannte Größen müssen lediglich die Kraftstoffdichte bei 15°C, ρ_{15}, sowie die Kraftstofftemperatur bei Einspritzung, $T_{K,inj}$, bekannt sein. Daraus ergibt sich dann nach der Dichte-Temperaturabhängigkeit für Mineralöle aus DIN 51757 [77] die Dichte des flüssigen Kraftstoffs

$$\rho_{m1}(T_{K,inj}) = \rho_{15} e^{(-\alpha_{15}(T_{K,inj}-288.15K)(1+\alpha_{15}0.8\Delta T))} , \qquad (4.11)$$

mit dem thermische Ausdehnungskoeffizient

$$\alpha_{15} = K_0/\rho_{15}^2 + K_1/\rho_{15} , \qquad (4.12)$$

der sich aus den Konstanten K_0 und K_1 und der Dichte ρ_{15} bei 15°C berechnet. Die Dichte-Temperaturabhängigkeit für marine Kraftstoffe ist in Abbildung 4.3 der Dichte von Diesel gegenübergestellt.

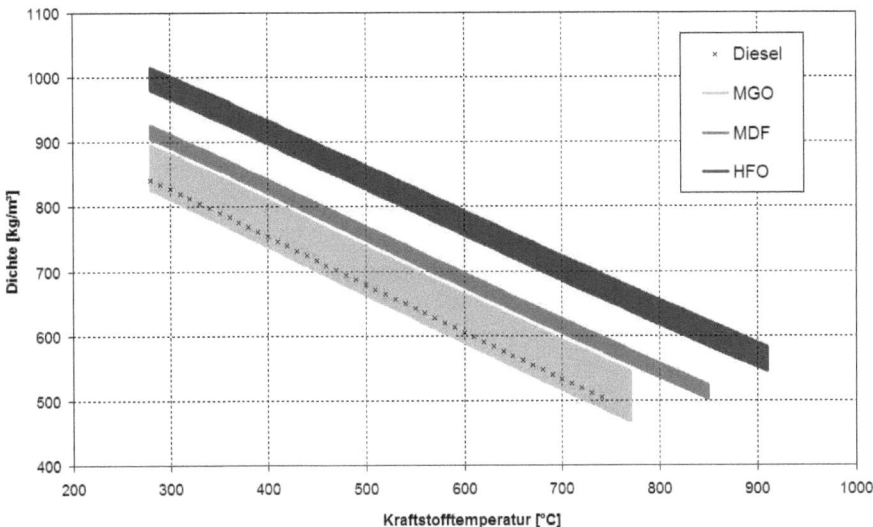

Abbildung 4.3: Bandbreite der Kraftstoffdichte in Abhängigkeit der Temperatur für marine Kraftstoffe und Diesel

Viskositätsanpassung Für die Viskositätsanpassung wurde eine Routine implementiert, die, ausgehend von einer gegebenen Viskosität und Kraftstofftemperatur, die notwendige Tabelle für die dynamische Viskosität in der Kraftstoffdatenbank von KIVA3V ersetzt. Dazu wurde die Walter-Gleichung zur Beschreibung der Temperatur-Viskositätsabhängigkeit von Mineralölen aus der VDI-Arbeitsmappe für Mineralölingenieure [78] verwendet. Nach ihr gilt für die kinematische Viskosität ν_{m1} folgender Zusammenhang

$$\log(\log(\nu_{m1}(T_2))) + 0.8 = \lg \lg(\nu_1 + 0.8) - 3.44 \lg\frac{T_2}{T_1} \ . \tag{4.13}$$

Mit der Kraftstoffdichteberechnung nach 4.11 gilt dann für die dynamische Viskosität

$$\eta_{m1}(T_2) = \nu_{m1}(T_2)\rho_{m1}(T_2) \ . \tag{4.14}$$

In Abbildung 4.4 ist die Temperaturabhängigkeit der dynamischen Viskosität für marine Kraftstoffe dargestellt.

Heizwertanpassung Für die Anpassung des Heizwertes wird die Bildungsenthalpie des Kraftstoffmoleküls geändert. Da es sich um ein Einkomponenten-Kraftstoffmodell handelt, kann hierfür die Annahme der idealen Verbrennung verwendet werden. Danach ergibt sich bei der idealen Verbrennung von Kraftstoff und Sauerstoff, beispielsweise für den Ersatzkraftstoff Tetradekan,

$$2\,C_{14}H_{30} + 43\,O_2 \rightarrow 28\,CO_2 + 30\,H_2O \ .$$

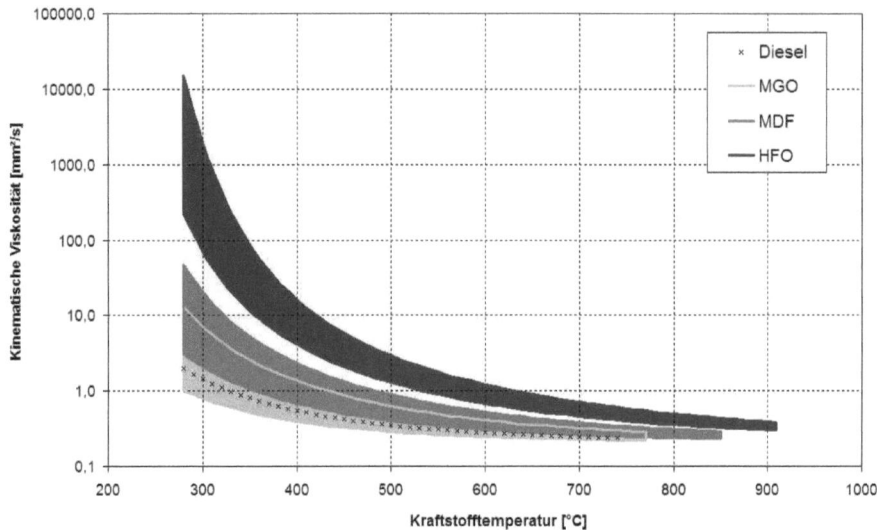

Abbildung 4.4: Dynamischen Viskosität in Abhängigkeit der Kraftstofftemperatur für marine Kraftstoffe und Diesel

Durch die vollständige Verbrennung des Kraftstoffs zu CO_2 und H_2O kann demnach die Bildungsenthalpie $h^0_{t,m1}$ berechnet werden. Dazu müssen lediglich die Bildungsenthalpien für CO_2 und H_2O sowie das Molgewicht W_{m1} und der atomare Anteil n bzw. m des Ersatzkraftstoffs C_nH_m bekannt sein. Daraus ergibt sich dann folgender Zusammenhang

$$h^0_{t,m1} = W_{m1}H_{U,m1} + h^0_{t,\,CO_2}\,n + 0.5h^0_{t,\,H_2O}\,m\;. \tag{4.15}$$

4.4 Temperaturabhängigkeit der Kraftstoffdichte

In der Standardversion von KIVA3V wird die Dichte der Kraftstofftropfen konstant gehalten, obwohl sich diese aufgrund der heißen Umgebung aufheizen. In der Realität nimmt durch die Erwärmung der Tropfen deren Dichte ab und das Volumen nimmt aufgrund der Massenerhaltung zu. Das Tropfenvolumen, in Form des Tropfenradiuses, sowie die Tropfendichte gehen direkt in die Sekundäraufbruchsmodelle und das Tropfenkollisionsmodell ein. Demzufolge wurde eine Temperaturabhängigkeit der Kraftstoffdichte in KIVA3V implementiert.
Da für das erweiterte Kraftstoffmodell die nötige Grundlage bereits vorhanden war, wurde die dort verwendete Gleichung 4.11 für die Berechnung der initialen Kraftstoffdichte auch auf die Tropfendichte angewendet. Die Volumenzunahme bei sich aufwärmendem Tropfen ergibt sich dann automatisch durch die Berücksichtigung der neuen Tropfendichte.

4.5 Schwerölspezifische Emissionen

Bei den schwerölspezifischen Emissionen handelt es sich in erster Linie um Schwefeloxide sowie um Partikelemissionen. Beide Emissionen sind rein kraftstoffbedingt und werden durch die Qualität der Verbrennung nicht beeinflusst.

Schwefeloxide (SO_X) entstehen durch die Verbrennung des im Kraftstoff enthaltenen Schwefels. Dabei oxidiert dieser in Verbindung mit Sauerstoff zunächst zu SO_2, um dann je nach Luftüberschuss weiter zu SO_3 zu oxidieren [76]

$$S + O_2 \leftrightarrow SO_2$$
$$2\,SO_2 + O_2 \rightleftharpoons 2\,SO_3\,.$$

Bei vorhandenem Wasser bzw. Wasserdampf bildet sich aus dem SO_3 zunächst schwefelige Säure H_2SO_3, die dann mit Sauerstoff zu Schwefelsäure H_2SO_4 oxidiert

$$SO_3 + H_2O \leftrightarrow H_2SO_3 + O$$
$$2\,H_2SO_3 + O_2 \leftrightarrow 2\,H_2SO_4\,.$$

H_2SO_4 (Schwefelsäure) kann unter bestimmten Umständen zur sogenannten Nasskorrosion[1] an Bauteilen im Brennraum führen [76].
Die Entstehung von SO_X lässt sich nur über die Reduktion des Schwefelanteils im Kraftstoff reduzieren. Daher wurde auf die Implementierung eines entsprechenden Modells im KIVA3V verzichtet.

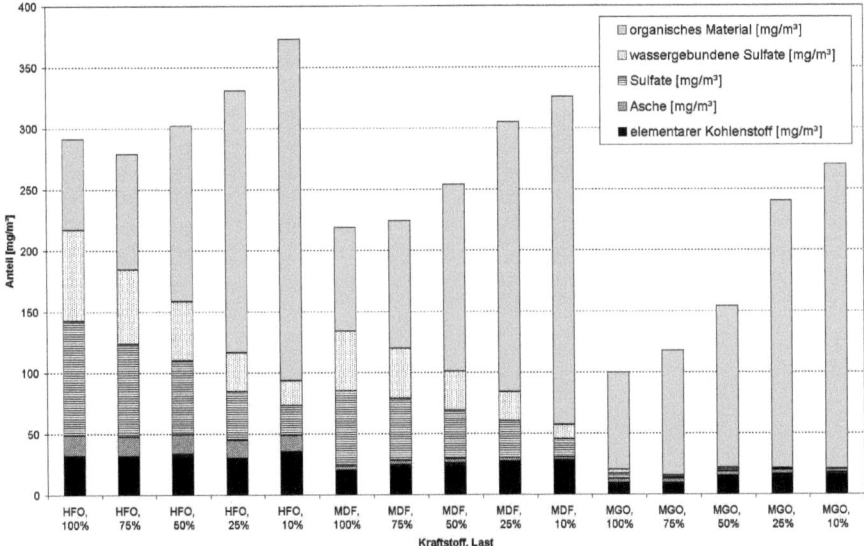

Abbildung 4.5: Anteile der Partikelelemente für verschiedene marine Kraftstoffe eines mittelschnelllaufenden 4-Takt Dieselmotors (Quelle: MAN Diesel SE)

Die Partikel- bzw. Rußmessung bei schwerölbetriebenen Großdieselmotoren ist äußerst problematisch. In Abbildung 4.5 wurden im vorliegenden Fall Partikelmessungen an einem Versuchsmotor durchgeführt. Mittels chemischer Analysen wurden die Partikelproben in die einzelnen

---
[1] auch Niedertemperaturkorrosion oder Kaltkorrosion genannt

Bestandteile aufgeteilt. In Abbildung 4.5 sind diese bei unterschiedlichen Lasten und für verschiedene Kraftstoffe dargestellt.

Für Rußmessungen stehen verschiedene Messmethoden zur Verfügung. An dieser Stelle wird ausschließlich auf die in dieser Arbeit verwendete Filter-Smoke-Number (FSN) Methode eingegangen. Zur Bestimmung der FSN wird ein vordefiniertes Abgasvolumen durch einen Papierfilter gedrückt, auf dem der zu messende Ruß hängen bleibt. Über diesen mit Ruß beladenen Filter wird über einen optischen Vergleich die FSN bestimmt. Über die FSN kann dann die Rußmenge berechnet werden. Unter Ruß wird der elementare Kohlenstoff verstanden. Das Problem bei der Ruß- bzw. Partikelmessung ist der Anteil der Asche, die ebenfalls in dem Filter hängen bleibt. Sonstige Bestandteile, wie zum Beispiel Sulfate, sind in der Regel flüchtig und beeinflussen die Rußmessung nicht. Aufgrund des hohen Ascheanteils wird eine Aussage über den Rußausstoß, vor allem bei Schwerölbetrieb, praktisch unmöglich. Aus diesem Grund wurde auf ein Modell für die Partikelemission verzichtet.

4.6 Sektornetzgenerierung

Bei der Verbrennungssimulation von direkteinspritzenden Dieselmotoren werden meist sogenannte Sektornetze verwendet. Bei einem Sektornetz wird davon ausgegangen, dass sich die einzelnen Dieselstrahlen eines Injektors identisch verhalten. Dadurch kann der Brennraum auf einen Sektor reduziert werden, mit dem dann nur ein einzelner Dieselstrahl berechnet wird. Vorder- und Rückseite eines Sektornetzes sind periodisch ausgeführt, was die Berücksichtigung des Dralls und der Strahlinteraktion möglich macht. Der Vorteil dieser Netze liegt an der erheblichen Rechenzeitverkürzung, da nicht der gesamte Brennraum abgebildet werden muss. Nachteilig wirkt sich der Verlust der Detailgenauigkeit aufgrund der Rotationssymetrie des Sektronetzes aus, da hierdurch das Verdichtungsverhältnis verändert wird. Zur Korrektur muss das Kompressionsvolumen des Sektornetzes so angepasst werden, dass das Verdichtungsverhältnis des realen Brennraums wieder erreicht wird. Aus diesem Grund sind bei Sektornetzen, je nach Brennraumgeometrie, Ausgleichsvolumen notwendig, wie es beispielsweise in Abbildung 4.6 dargestellt ist.

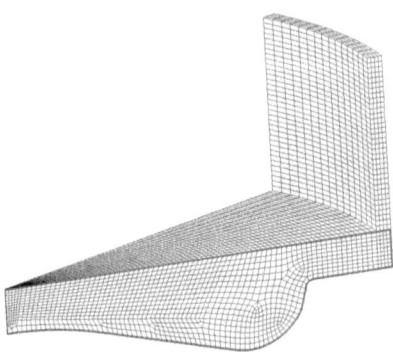

Abbildung 4.6: Mögliche Platzierung des Ausgleichsvolumens für ein Sektornetz

Vor allem die Ventilsitze und eventuell vorhandene Ventiltaschen in der Kolbenkrone erzeugen sogenannte Schadvolumina, die bei der Erstellung eines Sektornetzes nicht berücksichtig werden können. Bei Großdieselmotoren können alle Schadvolumina zusammengenommen bis zu 25%

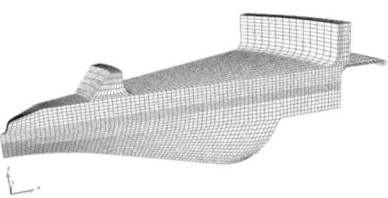

Abbildung 4.7: Sektornetz des Brennraums eines Großdieselmotors mit optimal platziertem Ausgleichsvolumen

des Kompressionsvolumens ausmachen. Daher sind gerade bei Großdieselmotoren sehr große Ausgleichsvolumina notwendig. Durch die Größe des Ausgleichsvolumens kann die Strömung im Brennraum, durch hohe Rückströmgeschwindigkeiten während der Expansion negativ beeinflusst werden. Eine Verteilung des Ausgleichsvolumens auf die Ventilsitze kann diesen Einfluss minimieren und die Geometrie des Brennraums dennoch realistisch abbilden, wie das Sektornetz in Abbildung 4.7 beispielhaft zeigt.

Kapitel 5

Validierung der Simulationsmodelle

Zur Validierung der in KIVA3V vorhandenen Simulationsmodelle wurden die einzelnen Prozesse der dieselmotorischen Verbrennung weitestgehend getrennt voneinander betrachtet. Dadurch konnten die für den jeweiligen Prozess geeignetsten, zur Verfügung stehenden Simulationsmodelle ermittelt werden. Ausgehend von der Sprayausbreitung ohne Verdampfung über die Sprayausbreitung mit Verdampfung bis zur Verbrennungssimulation und Emissionsbildung wurde abschließend das Gesamtmodell hinsichtlich seiner Gültigkeit für verschiedene Motorvariationen untersucht.

Die notwendigen Validierungsdaten für die Teilprozesse Sprayausbreitung und Verdampfung wurden der Literatur entnommen oder stammen aus bereits abgeschlossenen Projekten der MAN Diesel SE. Spezielle Untersuchungen oder Druckindizierungen am Motor wurden für diese Arbeit nicht durchgeführt, da hierfür bereits eine große Datenbasis für den Testmotor 1L32/40 bzw. 1L32/44 bei MAN Diesel SE vorhanden war.

5.1 Sprayausbreitung ohne Verdampfung

Für die Validierung der Sprayausbreitung ohne Verdampfung wurden Messungen aus dem FVV-Projekt 583 „Kraftstoffzerstäubung" [79] verwendet. Inhalt dieses Projektes war es, den Einfluss verschiedener Kraftstoffeigenschaften insbesondere der Kraftstoffviskosität auf die Sprayausbreitung zu untersuchen. Für die vorliegende Arbeit wurden einzelne Messergebnisse aus dem FVV-Projekt ausgewählt. Bei den Simulationen wurden das erweiterte Kraftstoffmodell mit den Ersatzkraftstoffen Tetradekan, MGO, MDF und HFO sowie der Einfluss der Sekundäraufbruchs- und Turbulenzmodelle genauer betrachtet.

FVV Projekt 583 - Kraftstoffzerstäubung

Bei den Sprayuntersuchungen des FVV-Projektes 583 wurde der Kraftstoff in ein zylindrisches, konstantes Volumen (Bombe) mit optischem Zugang über einen Einlochinjektor mit 0.3 mm Düsendurchmesser eingespritzt. Die mit reinem Stickstoff gefüllte Bombe mit 100 mm Durchmesser und 200 mm Länge wurde mit einem Gasdruck von 20 bar und 298 K Gastemperatur betrieben. Der Einspritzdruck lag bei 900 bar, die Kraftstofftemperatur bei Einspritzung betrug 303 K.
Es wurden ausschließlich Mie-Streulichtuntersuchungen[1] also lediglich Aufnahmen der flüssigen Phase des Sprays durchgeführt. Bei den Untersuchungen wurden neben der Eindringtiefe und des Strahlöffnungswinkels auch der durchschnittliche Tropfendurchmesser in 20 mm Entfernung

---
[1] benannt nach dem deutschen Physiker Gustav Mie

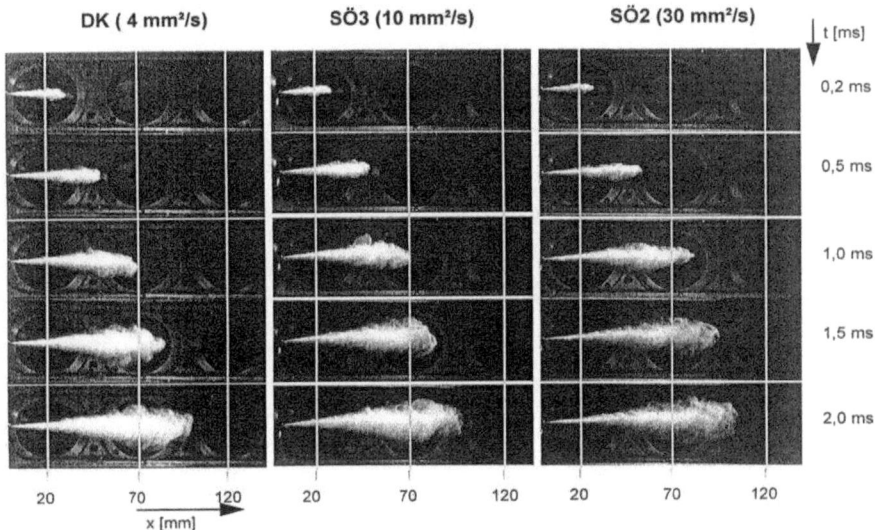

Abbildung 5.1: Aufnahmen der Sprayausbreitung aus dem FVV-Projekt 583 für die drei Kraftstoffe DK, SÖ3 und SÖ2 mit unterschiedlicher Viskosität [79]

vom Düsenaustritt gemessen. In Abbildung 5.1 sind die Aufnahmen der optischen Untersuchungen abgebildet. Tabelle 5.1 zeigt die wichtigsten Stoffdaten der verwendeten Kraftstoffe.

		DK	SÖ3	SÖ2
Dichte @ 27°C	[kg/m^3]	842	910	965
Viskosität @ 27°C	[mm^2/s]	4	10	30

Tabelle 5.1: Kraftstoffeigenschaften für die in den Sprayuntersuchungen verwendeten Krafstoffe [79]

Simulationsmodelle und Parameter

Für die Simulationen mit KIVA3V wurde ein periodisches Sektornetz mit 200 mm Radius, 100 mm Höhe und 45° Öffnungswinkel erstellt. Der Kraftstoff wurden in einer Höhe von 50 mm orthogonal zur Sektorachse mit 5 mm Abstand zu dieser eingespritzt. Mit diesen Abmessungen entspricht das Sektornetz weitestgehend den Abmessungen der Bombe. Abbildung 5.2 zeigt eine schematische Darstellung der Sprayrichtung sowie das Sektornetz. Auf ein Sektornetz wurde zurückgegriffen, da dieses der Topologie eines Brennraumsektornetzes am nächsten kommt. Die Zellseitenlänge in radialer und z-Richtung wurde auf 2 mm gesetzt. In Umfangsrichtung wurden die Zellen mit 2° Öffnungswinkel erzeugt. Die Zellgröße ist ein Kompromiss zwischen Simulationsgenauigkeit und Berechnungszeit. Vorhergehende Untersuchungen haben gezeigt, dass ein feineres Netz keine wesentlich besseren Simulationsergebnisse liefert, dafür aber erheblich längere Rechenzeiten in Anspruch nimmt.

Im Vordergrund der Untersuchungen stand die Validierung des erweiterten Kraftstoffmodells und der neuen Ersatzkraftstoffe für MGO, MDF und HFO hinsichtlich der qualitativen und

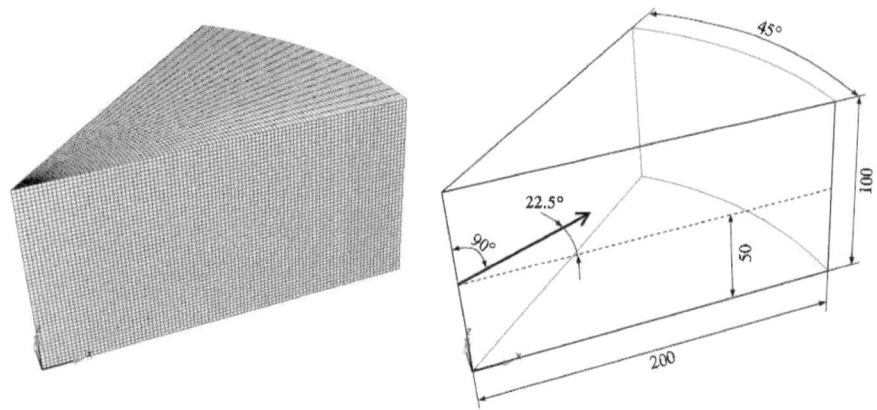

Abbildung 5.2: Darstellung des Berechnungsgitters und der Sprayrichtung für die Sprayausbreitungssimulation

quantitativen Übereinstimmung von Simulation und Messung. Vergleichsgrößen waren Eindringtiefe der Strahlspitze, Strahlöffnungswinkel und der durchschnittliche Tropfendurchmesser in einem Abstand von 20 mm zum Düsenaustritt. Neben dem erweiterten Kraftstoffmodell wurden der Einfluss der zwei zur Verfügung stehenden Sekundäraufbruchsmodelle und die Beeinflussung der Sprayausbreitung durch das Turbulenzmodell untersucht. Die eingestellten Parameter resultierten aus Parametervariationen von vorangegangenen Verbrennungssimulationen für den 1L32/40-CD Testmotor von MAN Diesel SE. Auf die Parameterstudien soll hier nicht näher eingegangen werden. Für die Sprayausbreitungssimulation wurden keine erneuten Parameteranpassungen durchgeführt, sondern alle Simulationen mit den selben Modelleinstellungen gerechnet.
Folgende Simulationsmodelle wurden bei der Validierung berücksichtigt:

- Standard-k-ϵ- [51], RNG-k-ϵ- [54,55] und ein modifiziertes k-ϵ-Turbulenzmodell nach Janicka und Peters [8]

- erweitertes Einkomponenten-Kraftstoffmodell für Tetradekan, MGO, MDF und HFO

- Blob Primäraufbruchsmodell von Reitz [21]

- Wave oder Kelvin-Helmholtz/Rayleigh-Taylor (KH/RT) Sekundäraufbruchsmodell [24]

- aktiviertes beziehungsweise deaktiviertes Tropfenkollisionsmodell von O'Rourke [51]

		MGO	MDF	HFO
Dichte @ 27°C	[kg/m³]	820	862	976
Viskosität @ 27°C	[mm²/s]	7.6	16.6	2124

Tabelle 5.2: Kraftstoffeigenschaften der Ersatzkraftstoffe MGO, MDF und HFO auf 27°C umgerechnet

Bei den Simulationen wurde das erweiterte Kraftstoffmodell angewendet und entsprechend der in der Messung verwendeten Kraftstoffe hinsichtlich Dichte und Viskosität angepasst, wie sie in Tabelle 5.1 vorgegeben sind. Im Falle nicht angepasster Viskosität ergeben sich die Werte in Tabelle 5.2. Für den Kraftstoff DK (Diesel) wurde der Ersatzkraftstoff MGO verwendet, der dem normalen Dieselkraftstoff sehr nahe kommt. Für SÖ3 fand der Ersatzkraftstoff MDF Verwendung und für SÖ2 wurde der Ersatzkraftstoff HFO eingesetzt. Alternativ dazu wurden einige Simulationen mit einem Standard Ersatzkraftstoff für Diesel, Tetradekan ($C_{14}H_{30}$), mit angepasster Dichte und Viskosität durchgeführt, um den Einfluss der nicht angepassten Kraftstoffeigenschaften untersuchen zu können.

Rechnungs-Messungs-Vergleich

Verglichen wurde in erster Linie die Eindringtiefe der Strahlspitze in die Bombe sowie die Strahlstruktur und die durchschnittliche Tropfengröße in einem Abstand von 20 mm von der Düsenöffnung. Zunächst wurde der Einfluss des erweiterten Kraftstoffmodells mit seinen Anpassungsfunktionen für Kraftstoffdichte und Viskosität untersucht. Die Simulationen wurden für die Messung mit SÖ2 sowohl mit dem Ersatzkraftstoff HFO als auch mit $C_{14}H_{30}$ durchgeführt. Die Anpassungsfunktionen für Dichte und Viskosität wurden getrennt voneinander validiert. Die anderen Kraftstoffe wurden bei dieser Untersuchung nicht berücksichtigt, da mit SÖ2, im Vergleich zu herkömmlichem Dieselkraftstoff, ein deutlicherer Einfluss der Anpassungsfunktionen zu erwarten war.
Die Simulationen wurden mit dem Wave-Aufbruchsmodell und dem modifizierten k-ϵ-Turbulenzmodell durchgeführt. Das Tropfenkollisionsmodell wurde nicht aktiviert. Wie bereits erwähnt, wurden alle Simulationen mit identischen Parametereinstellungen gerechnet.
Abbildung 5.3 zeigt die Simulationsergebnisse im Vergleich zur gemessenen Eindringtiefe für SÖ2. Simuliert wurde mit HFO und $C_{14}H_{30}$, jeweils mit und ohne angepassten Kraftstoffeigenschaften. Für den Fall ohne Anpassung, wurde lediglich die initiale Kraftstoffdichte beim Düsenaustritt entsprechend der Kraftstofftemperatur eingestellt, um die Einspritzgeschwindigkeiten nicht zu verfälschen. Die temperaturabhängige Tropfendichte wurde in diesem Fall allerdings deaktiviert. Zur Überprüfung des Einflusses der temperaturabhängigen Tropfendichtefunktion wurde noch eine zusätzliche Simulation mit HFO und angepasster Viskosität durchgeführt, wobei in diesem Fall die Tropfendichte über den gesamten Simulationszeitraum konstant blieb und nicht in Abhängigkeit der Kraftstofftemperatur variierte.
Wie in Abbildung 5.3 zu erkennen ist, führen die Anpassungsfunktionen für Kraftstoffdichte und Viskosität zu eindeutig besseren Simulationsergebnissen im Vergleich zur Messung. Die Ergebnisse mit angepassten Kraftstoffeigenschaften sind als durchgezogene Kurven dargestellt und sind für HFO (rot) und $C_{14}H_{30}$ (blau) praktisch identisch. Die Ergebnisse lassen die Schlussfolgerung zu, dass die unterschiedliche Oberflächenspannung von HFO und $C_{14}H_{30}$, wie sie in Abbildung 5.4 über der Kraftstofftemperatur bis zur kritischen Temperatur des jeweiligen Kraftstoffs aufgezeigt ist, auf das Simulationsergebnis keinen Einfluss hat.
Die gestrichelten Kurven in Abbildung 5.3 stellen die Ergebnisse ohne angepasste Kraftstoffeigenschaften dar. Lediglich die Dichte ist bei diesen Simulationen gleich und während des gesamten Simulationszeitraums konstant. Es ist deutlich zu erkennen, dass die nicht angepasste Viskosität des HFO Ersatzkraftstoffs zu einer zu hohen Strahleindringtiefe führt, da die Tropfen aufgrund der zu hohen nicht angepassten Viskosität nicht schnell genug aufbrechen und so einen zu großen Impuls besitzen. Bei $C_{14}H_{30}$ ist dieses Verhalten genau entgegengesetzt. Durch die zu geringe Viskosität des nicht angepassten Ersatzkraftstoffs brechen die Tropfen zu schnell auf und haben so eine zu geringe kinetische Energie, um weit genug in die Bombe eindringen zu können.
Das Simulationsergebnis für HFO mit angepasster Viskosität, aber konstanter Dichte, im Dia-

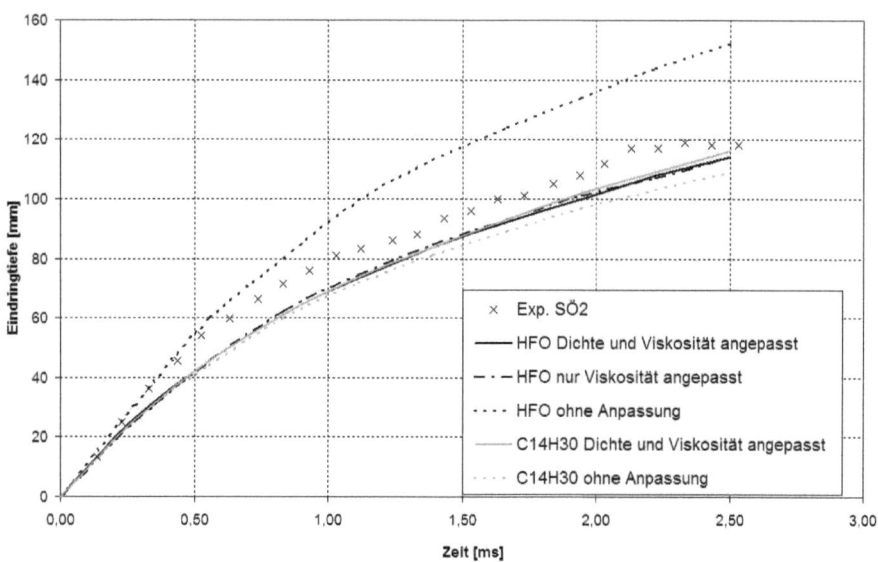

Abbildung 5.3: Einfluss des erweiterten Kraftstoffmodells auf die Strahleindringtiefe für SÖ2

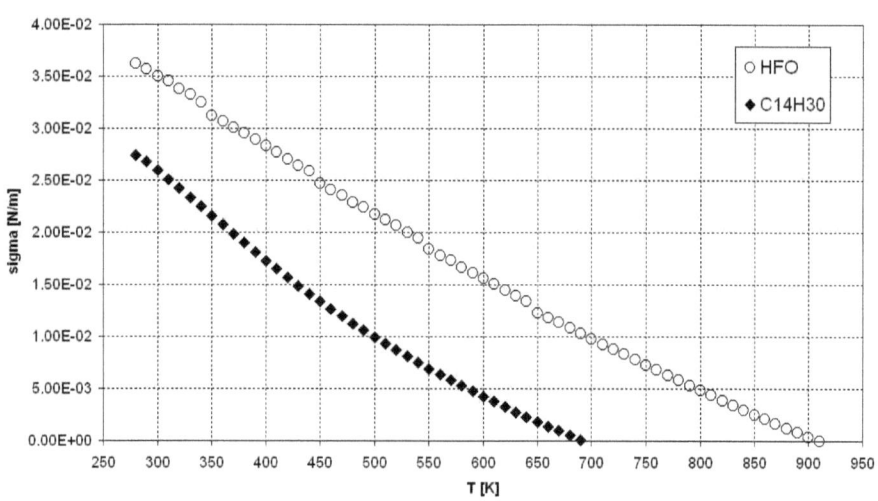

Abbildung 5.4: Oberflächenspannung der Ersatzkraftstoffe für $C_{14}H_{30}$ und HFO über der Kraftstofftemperatur

gramm als Strich-Punkt-Linie dargestellt, zeigt praktisch keinen Unterschied zum vollangepassten HFO (durchgezogene Linie). Die Temperaturabhängigkeit der Kraftstofftropfen ist demnach nicht entscheidend für die Strahlausbreitungssimulation.

Die Hypothesen werden durch die Betrachtung der durchschnittlichen Tropfengrößen in Abbildung 5.5 bei 20 mm Abstand zum Düsenaustritt bestärkt. Die durchschnittliche Tropfengröße ist jedoch mit angepasster Dichte und Viskosität sowohl für HFO als auch für $C_{14}H_{30}$ zu gering.

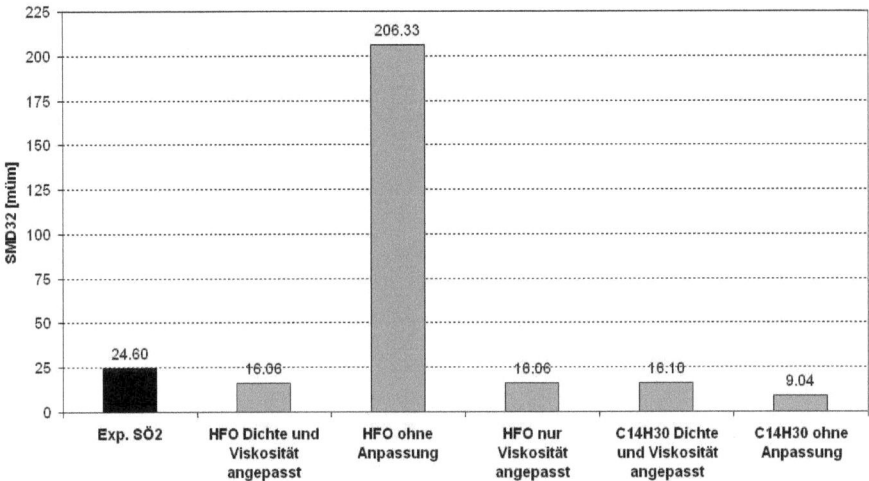

Abbildung 5.5: Einfluss des erweiterten Kraftstoffmodells auf den durchschnittlichen Tropfendurchmesser für SÖ2 bei 20 mm Entfernung vom Düsenaustritt

Zur Untersuchung des Einflusses der Sekundäraufbruchsmodelle und des Tropfenkollisionsmodells wurden die Simulationen für SÖ2 mit angepasstem HFO und lediglich variierendem Sekundäraufbruchsmodell gerechnet. Zusätzlich wurde für jedes Sekundäraufbruchsmodell die Simulation mit aktiviertem und deaktiviertem Tropfenkollisionsmodell durchgeführt. Abbildung 5.6 zeigt die simulierten Eindringtiefen im Vergleich zu den gemessenen Daten aus den optischen Untersuchungen.
Ein direkter Vergleich der Simulationsergebnisse zeigt, dass bis ca. 0, 6 ms nach Einspritzbeginn die simulierten Eindringtiefen für alle vier Variationen fast identisch sind. Zudem besteht kein Unterschied in der Eindringtiefe der Sekundäraufbruchsmodelle bei aktiviertem Tropfenkollisionsmodell. Ist dieses aber deaktiviert, dringt das KH/RT-Modell nicht so tief in die Bombe ein wie das Wave-Modell.
Die Abbildungen 5.7 und 5.8 zeigen die zeitliche Entwicklung der Strahlstrukturen für das Wavebzw. KH/RT-Modell, links ohne und rechts mit Tropfenkollisionsmodell. Wie der Vergleich der jeweiligen linken Seiten der Abbildungen zeigt, resultieren die unterschiedlichen Eindringtiefen der Sekundäraufbruchsmodelle mit deaktiviertem Tropfenkollisionsmodell aus einem schnelleren Tropfenaufbruch des KH/RT-Modells. Dieses verwendet, wie bereits in Kapitel 3.3.2 erwähnt, zusätzlich zum Kelvin-Helmholtz das Rayleigh-Taylor Modell, das einen sogenannten „catastrophic break-up" erzeugt und so sehr schnell zu einer hohen Anzahl kleiner Tropfen führt. Das Wave-Modell hingegen verwendet ausschließlich die Kelvin-Helmholtz-Theorie, bei der kleine Tochtertropfen von einem großen Muttertropfen abgeschert werden. Der Tropfenaufbruch erfolgt so im Vergleich zum Rayleigh-Taylor-Modell langsamer. Durch den langsameren Aufbruch und die dadurch größeren Tropfen haben diese aufgrund ihrer höheren Masse einen größeren Impuls und können so tiefer in die Bombe eindringen.

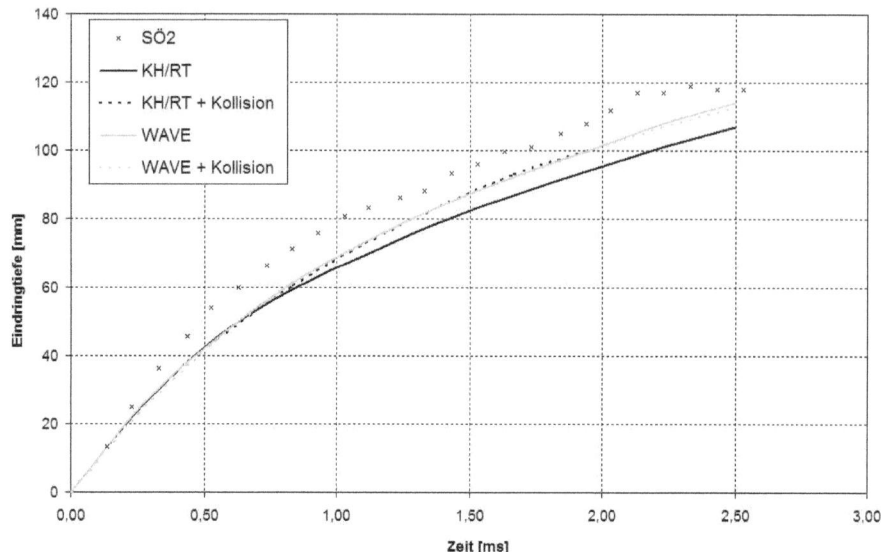

Abbildung 5.6: Rechnungs-Messungs-Vergleich für die Variation der Sekundäraufbruchsmodelle und des Tropfenkollisionsmodells für SÖ2

Was bei den Simulationsergebnissen mit aktiviertem Tropfenkollisionsmodell auffällt, sind die großen Tropfen an der Sprayspitze, die bei der Verwendung des Wave-Modells bereits nach ca. einer Millisekunde entstehen und stetig weiterwachsen. Auch beim KH/RT-Modell mit aktiviertem Kollisionsmodell ist dieses Verhalten zu beobachten. Die Tropfen wachsen teilweise so stark an, dass sie größer als der initiale Tropfendurchmesser am Düsenaustritt werden. Bei der Betrachtung der durchschnittlichen Tropfendurchmesser in einem Abstand von 20 mm vom Düsenaustritt werden die Beobachtungen aus den Strahlstrukturen bestätigt. Das aktivierte Tropfenkollisionsmodell führt zu erheblich größeren Tropfen, wie Abbildung 5.9 zeigt. Dieses Verhalten ist sehr unrealistisch, weshalb für die weiteren Untersuchungen auf das Tropfenkollisionsmodell verzichtet wurde.

Bei der Auswahl des geeigneteren Sekundäraufbruchsmodells wurden nun die Simulationsergebnisse für das Wave- bzw. KH/RT-Modell ohne Kollisionsmodell betrachtet. Wie Abbildung 5.6 bereits zeigte, unterscheiden sich die Eindringtiefen der beiden Modelle bei 2.5 ms um ca. 5 mm voneinander, wobei der Vergleich von Messung und Simulation für das Wave-Modell bessere Ergebnisse liefert. Die Betrachtung der Spraystruktur der beiden Sekundäraufbruchsmodelle in den Abbildungen zeigt jedoch ein realistischeres Verhalten des KH/RT-Modells, da hier die Tropfengröße vom Düsenaustritt zur Sprayspitze hin abnimmt, was der theoretischen Annahme entspricht [2]. Darüberhinaus ist der Strahlwinkel beim Wave-Modell deutlich größer als in der Messung. Das KH/RT-Modell ist auch in diesem Punkt besser. Aus diesem Grund wurden die Simulationen für DK und SÖ2 mit dem KH/RT-Modell und deaktiviertem Tropfenkollisionsmodell durchgeführt.

Für die Untersuchung des Einflusses des Turbulenzmodells auf die Sprayausbreitungssimulation wurden drei verschiedene k-ϵ-Turbulenzmodelle verwendet. Simuliert wurde die Messung

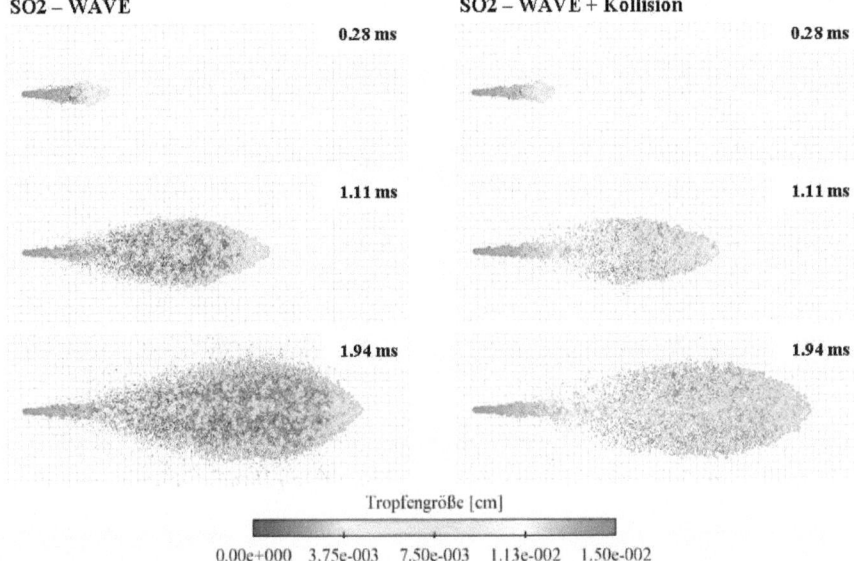

Abbildung 5.7: Strahlstrukturen für das Wave Sekundäraufbruchsmodell mit und ohne Kollision

für Dieselkraftstoff (DK), in der Simulationen wurden daher MGO als Ersatzkraftstoff verwendet. Bei den Simulationen blieben alle Modelle und Parametereinstellungen unverändert, lediglich das Turbulenzmodell wurde variiert. Abbildung 5.10 zeigt die unterschiedlichen Strahleindringtiefen für das RNG-k-ϵ- (blau), Standard-k-ϵ- (grün) und das nach Janicka und Peters modifizierte k-ϵ-Turbulenzmodell (rot) im Vergleich zu den Messergebnissen (schwarz).
Die Ergebnisse in Abbildung 5.10 unterscheiden sich in ihrer Strahleindringtiefe sehr stark. Zahlreiche Untersuchungen aus der Literatur haben gezeigt, dass das Standard k-ϵ-Turbulenzmodell die Strahlaufweitung für einen runden Gasfreistrahl um bis zu 30% zu groß berechnet [9–11], wobei die Strahleindringtiefe zu gering errechnet wird. Die gezeigte Simulation unterstützt diese Behauptung. Das RNG-k-ϵ-Turbulenzmodell ist hingegen dafür bekannt, dass es eine zu geringe Strahlaufweitung aufgrund zu geringer turbulenter Viskosität erzeugt und dadurch der runde Gasfreistrahl zu tief eindringen kann [69, 70]. Die mit dem modifizierten k-ϵ-Turbulenzmodell durchgeführte Berechnung zeigt eine deutlich besseren Übereinstimmung mit der gemessenen Strahleindringtiefe, als sie mit dem Standard- oder dem RNG-k-ϵ-Turbulenzmodell erreicht werden kann.
Die unterschiedliche Eindringtiefe und Strahlaufweitung ist durch die unterschiedliche turbulente Viskosität der drei Turbulenzmodelle bedingt. Die turbulente Viskosität ν_t ergibt sich direkt aus der turbulenten kinetischen Energie k und der Dissipation ϵ sowie dem Parameter C_μ

$$\nu_t = C_\mu \frac{k^2}{\epsilon} \ . \tag{5.1}$$

Ein Vergleich der turbulenten Viskositäten in Abbildung 5.11 zeigt, dass die Strahlaufweitung mit steigender turbulenter Viskosität zunimmt und dadurch die Eindringtiefe geringer wird. Die hochviskosen Gebiete ober- und unterhalb des Strahlaustrittes sind durch Rezirkulation bedingt. Der daraus resultierende zeitliche Verlauf der Strahlstruktur ist in Abbildung 5.12 für

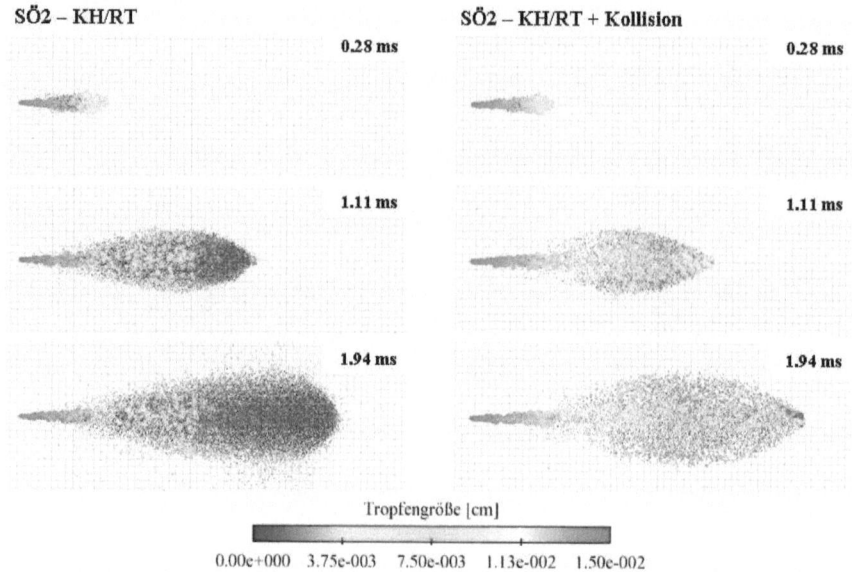

Abbildung 5.8: Strahlstrukturen für das KH/RT-Sekundäraufbruchsmodell mit und ohne Kollision

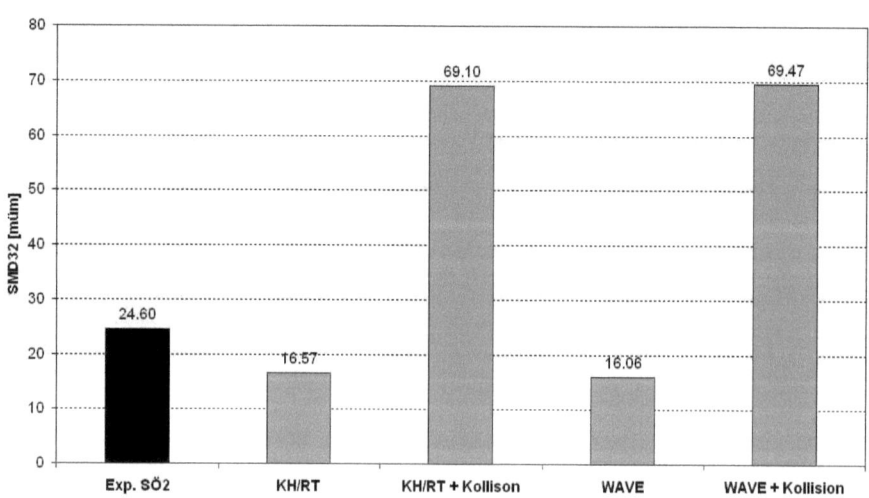

Abbildung 5.9: Gegenüberstellung der durchschnittlichen Tropfendurchmesser der verschiedenen Aufbruchsmodelle für SÖ2 bzw. HFO

die drei Turbulenzmodelle dargestellt.

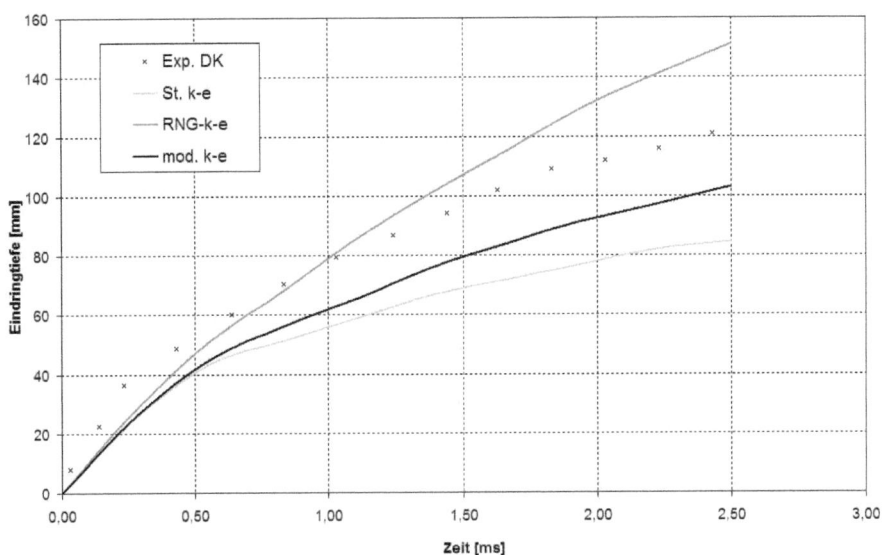

Abbildung 5.10: Strahleindringtiefe für die drei untersuchten Turbulenzmodelle im Vergleich zu den Messergebnissen bei 900 bar Einspritzdruck und 20 bar Gegendruck für DK

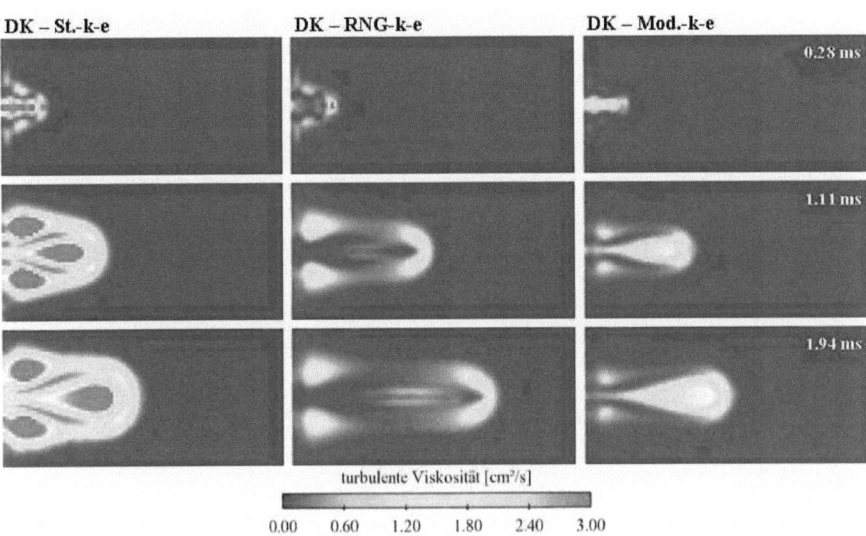

Abbildung 5.11: Vergleich der zeitlichen Entwicklung der turbulenten Viskosität für die drei untersuchten k-ϵ-Turbulenzmodelle

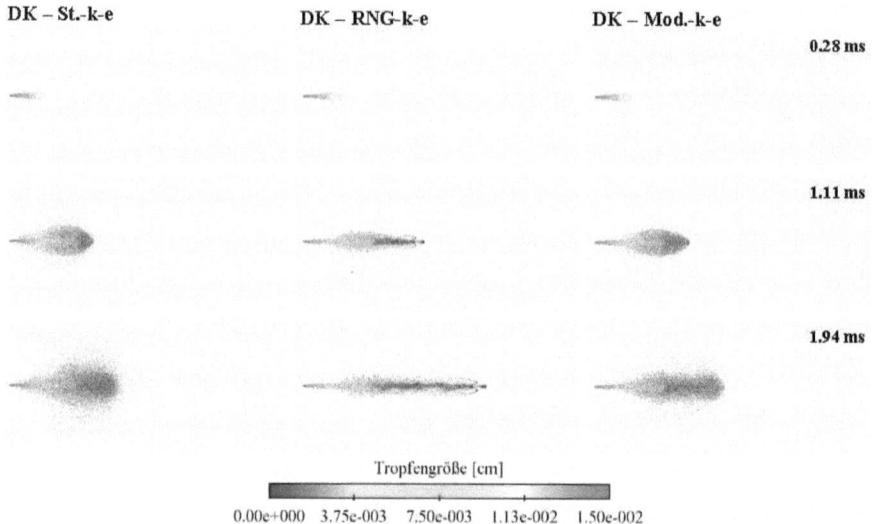

Abbildung 5.12: Vergleich der zeitlichen Entwicklung der Strahlausbreitung für die drei untersuchten k-ϵ-Turbulenzmodelle

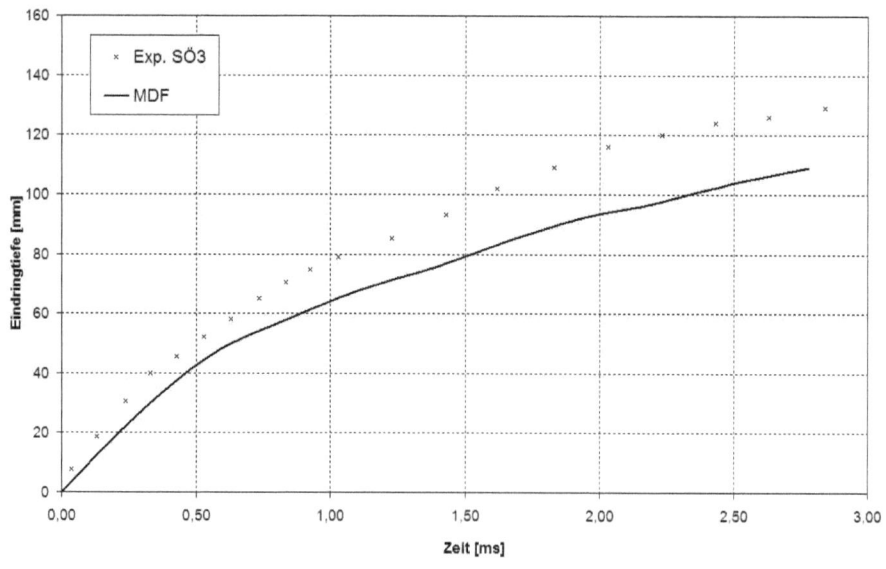

Abbildung 5.13: Rechnungs-Messungs-Vergleich der Strahleindringtiefe für SÖ3 bzw. MDF

Alleine durch die Unterschiede bei den Eindringtiefen, aber auch durch die Strahlstruktur kann abgeleitet werden, dass von den drei untersuchten Turbulenzmodellen das modifizierte k-ϵ-

Turbulenzmodell für die Sprayausbreitungssimulationen am geeignetsten ist.

Mit den soweit validierten Modellen wurde mit dem angepassten Ersatzkraftstoff MDF die Simulation für SÖ3 durchgeführt. Es wurde mit dem modifizierten k-ϵ-Turbulenzmodell, dem KH/RT-Sekundäraufbruchsmodell und deaktiviertem Tropfenkollisionsmodell simuliert. Wie Abbildung 5.13 zeigt, liefert die Simulation für SÖ3 ein vergleichbar gutes Ergebnis bei der Strahleindringtiefe, wie es für SÖ2 und DK erzielt wurde.

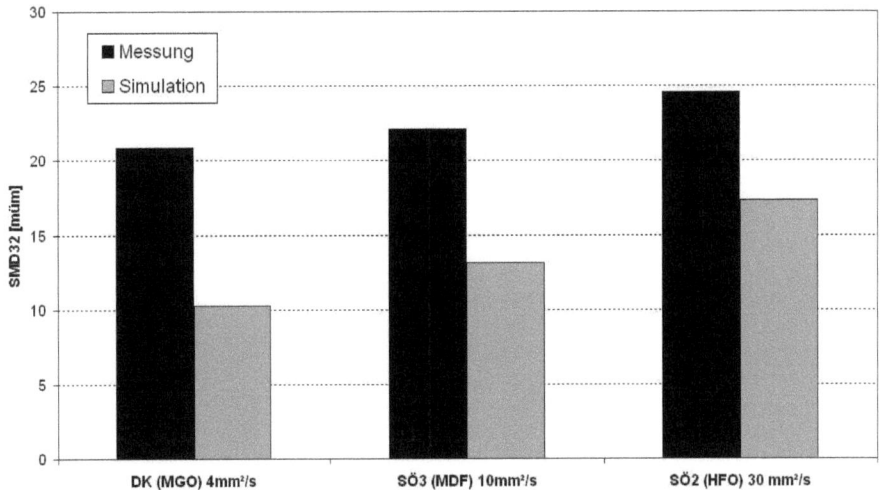

Abbildung 5.14: Durchschnittliche Tropfendurchmesser für die verschiedenen Kraftstoffe

Abschließend sind in Abildung 5.14 die Simulationsergebnisse für alle drei Kraftstoffe bezüglich des mittleren Tropfendurchmessers bei einem Abstand von 20 mm vom Düsenaustritt den Messungen gegenübergestellt. Generell wird der mittlere Tropfendurchmesser um ca. 50% kleiner berechnet, wobei die Differenz mit steigender Viskosität abnimmt. Der Trend größerer Tropfen bei steigender Kraftstoffviskosität kann in der Simulation gut wiedergegeben werden. Tropfenuntersuchungen in einem größeren Abstand vom Düsenaustritt konnten aufgrund mangelnder Daten nicht durchgeführt werden.

5.2 Sprayausbreitung mit Verdampfung

Für die Validierung des Verdampfungsverhaltens des erweiterten Kraftstoffmodells wurden Mie-Streulichtaufnahmen eines Injektors des Motors 16/24 der MAN Diesel SE mit KIVA3V nachgerechnet. Die Aufnahmen wurden im Auftrag der MAN Diesel SE am Institut für Technische Verbrennung der Universität Hannover im Jahr 2004 durchgeführt.
Zur Untersuchung des Einflusses des Kraftstoffmodells, des Turbulenzmodells, des Sekundäraufbruchs und der Tropfenkollision auf die Sprayausbreitung mit Verdampfung wurden bei den Simulationen dieselben Modelle und Parameter wie bei der Sprayausbreitung ohne Verdampfung verwendet.

Mie-Streulichtmessungen am ITV-Hannover

Die optischen Untersuchungen wurden am Institut für Technische Verbrennung (ITV) an der Universität Hannover an einem Einhubtriebwerk durchgeführt. Es wurde die Strahlausbreitung für den 16/24 Motor der MAN Diesel SE (MAN) mit dem Injektor 8x0.24-145° vermessen, was einem Injektor mit 8 Düsenlöchern, einem Düsendurchmesser von 0.24 mm und einem Einspritzwinkel von 145° von Düsenloch zu Düsenloch entspricht. Bei den Messungen wurden ausschließlich Mie-Streulichtaufnahmen für die flüssige Phase des Kraftstoffs gemacht. Schlierenaufnahmen für die Dampfphase waren nicht vorgesehen.

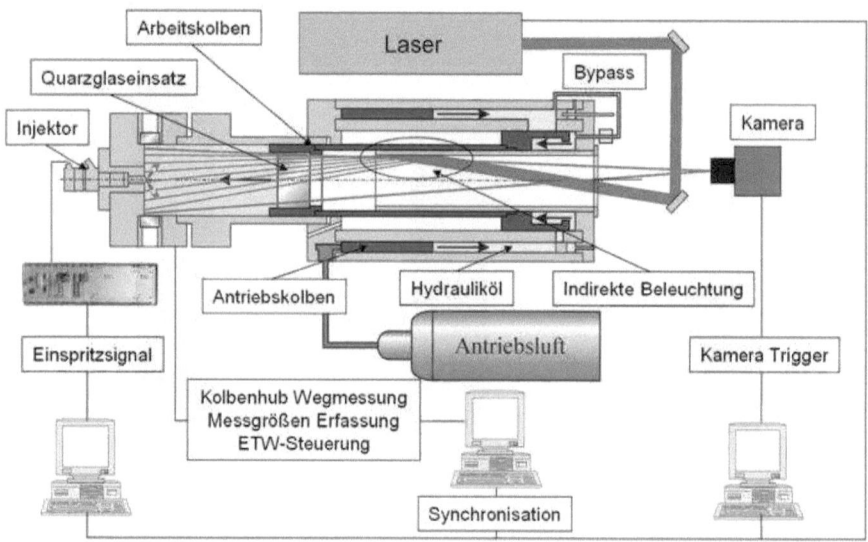

Abbildung 5.15: Schematische Darstellung des Einhubtriebwerks am ITV [80]

Die Untersuchungen wurden für Bedingungen, die 25 bzw. 75% Last des Motors entsprechen, durchgeführt und jeweils Eindringtiefe und Strahlkegelwinkel gemessen. Der Verdichtungsenddruck wurde dabei am Einhubtriebwerk, entsprechend dem am Originalmotor gemessenen Druck, über den Hub eingestellt. Als Arbeitsgas diente reiner Stickstoff, um die Verbrennung zu unterdrücken. Zur Einspritzung wurde normaler Dieselkraftstoff verwendet, da Schweröl, aufgrund der hohen Verschmutzungsgefahr der optischen Zugänge des Einhubtriebwerks, nicht einsetzbar war. Abbildung 5.15 zeigt die schematische Darstellung des Versuchsaufbaus. Auf eine detaillierte Beschreibung der Versuchsanordnung und der durchgeführten Messungen wird nicht näher eingegangen. Die ermittelten Ergebnisse werden später im Vergleich mit den Ergebnissen aus der CFD-Simulation gezeigt.

Simulationsmodelle und Parameter

Die Simulationen wurden mit einem periodischen Sektornetz gerechnet, wie es Abbildung 5.16 zeigt. Das Netz wurde entsprechend den Abmessungen des Einhubtriebwerks für nur ein Düsenloch des 8-Lochinjektors erstellt. Wie in den vorangegangen Untersuchungen zur Sprayausbreitung ohne Verdampfung hat das Netz einen Sektorwinkel von 45° und eine Zellseitenlänge von etwa 2 mm. In Umfangsrichtung wurden das Netz mit 2° diskretisiert.

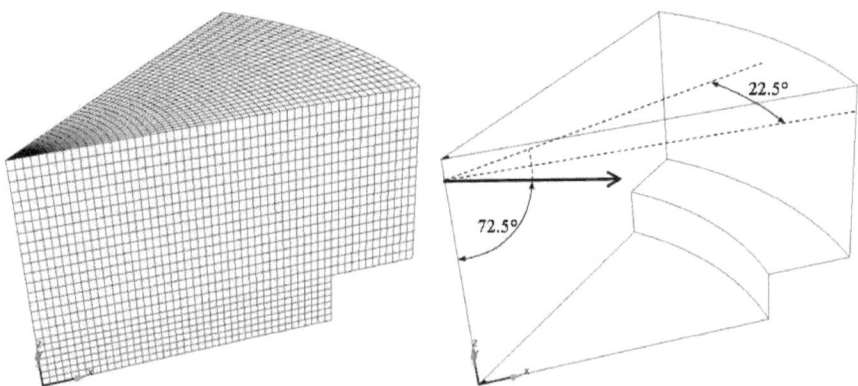

Abbildung 5.16: Berechnungsgitter und Einspritzrichtung für das Einhubtriebwerk

Die initialen Simulationsbedingungen für KIVA3V wurden dem Abschlussbericht des Projekts [80] entnommen. Untersucht wurde die Beeinflussung der Sprayausbreitung mit Verdampfung durch das erweiterte Kraftstoffmodell. Zusätzlich wurde das Turbulenzmodell sowie die Auswirkung der Sekundäraufbruchsmodelle und der Tropfenkollision genauer betrachtet. Zur Überprüfung der ermittelten Einstellungen und Modelle wurde abschließend die Sprayausbreitung für 25% Last simuliert und den Messungen gegenübergestellt.
Folgende Simulationsmodelle wurden verwendet:

- Standard-k-ϵ- [51], RNG-k-ϵ- [54, 55] und ein modifiziertes k-ϵ-Turbulenzmodell nach Janicka und Peters [8]

- erweitertes Einkomponenten-Kraftstoffmodell

- Blob Primäraufbruchsmodell von Reitz [21]

- Wave oder Kelvin-Helmholtz/Rayleigh-Taylor (KH/RT) Sekundäraufbruchsmodell [24]

- aktiviertes beziehungsweise deaktiviertes Tropfenkollisionsmodell von O'Rourke [51]

- Spalding Verdampfungsmodell mit KIVA3V-Standardparametern [35, 36]

In den CFD-Simulationen wurde der Ersatzkraftstoff Tetradekan ($C_{14}H_{30}$) bzw. MGO verwendet und die Dichte und Viskosität entsprechend den Messdaten angepasst. Auf eine erneute Untersuchung des Einflusses der Anpassungsfunktionen für Viskosität und Dichte wurde verzichtet, da diese lediglich die flüssige Phase bzw. den Tropfenaufbruch beeinflussen und dies im vorangegangenen Kapitel ausführlich diskutiert wurde.

Rechnungs-Messungs-Vergleich

Zunächst wurden die zwei Ersatzkraftstoffe $C_{14}H_{30}$ und MGO hinsichtlich ihrer Verdampfungseigenschaften für den 75% Lastfall, mit 120 bar Verdichtungsenddruck und 1100 bar Einspritzdruck, verglichen. Abbildung 5.17 zeigt die simulierten Eindringtiefen der beiden Modelle im Vergleich zur Messung. Es wurde mit dem modifizierten k-ϵ-Turbulenzmodell sowie dem KH/RT-Sekundäraufbruchsmodell ohne Tropfenkollision gerechnet, da bei dieser Modellkombination ein schneller Tropfenaufbruch und daher eine gute Verdampfung zu erwarten war.

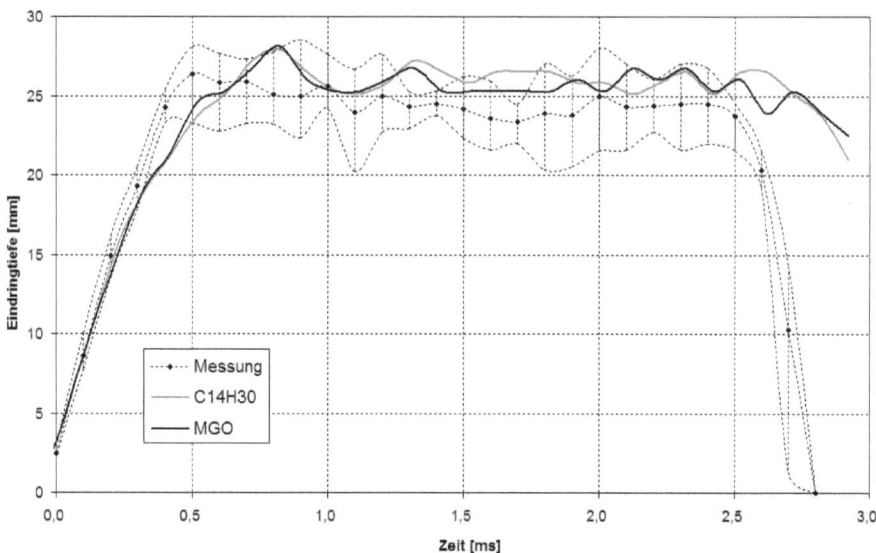

Abbildung 5.17: Simulierte Eindringtiefen der flüssigen Phase für $C_{14}H_{30}$ und MGO im Vergleich zu den Messungen für 75% Last

Wie in Abbildung 5.17 zu erkennen ist, weisen die gemessenen Daten eine Streubreite auf, die von den einzelnen vermessenen Kraftstoffstrahlen des 8-Lochinjektors herrührt. Es fällt auf, dass sich durch die verdampfenden Kraftstofftröpfchen eine konstante Eindringtiefe nach ungefähr 0,5 ms einstellt. Die mittlere Eindringtiefe schwankt dann bei ca. 25 mm und sinkt nach Ende der Einspritzung wieder ab.
Die Eindringtiefen der beiden Ersatzkraftstoffe $C_{14}H_{30}$ und MGO unterscheiden sich in ihrer Sprayeindringtiefe und damit ihrem Verdampfungsverhalten kaum und geben das Verhalten der Messung sehr gut wieder. Da, wie bereits in Kapitel 5.1 gezeigt wurde, bei den beiden Ersatzkraftstoffen aufgrund der angepassten Dichte und Viskosität die Sprayausbreitung sowie die Tropfengröße nahezu gleich sind, wird das Verdampfungsverhalten lediglich durch die unterschiedliche Wärmeleitfähigkeit, den Dampfdruck sowie die Verdampfungsenthalpie des flüssigen Kraftstoffs beeinflusst. Die Abbildungen 5.18, 5.19 und 5.20 zeigen die genannten Kraftstoffeigenschaften für $C_{14}H_{30}$ und MGO über der Kraftstofftemperatur bis hin zur kritischen Temperatur des jeweiligen Ersatzkraftstoffs.
Die Wärmeleitfähigkeit in Abbildung 5.18 des flüssigen Kraftstoffs entscheidet über die Geschwindigkeit der Aufheizung des Kraftstofftropfens. Bei den untersuchten Ersatzkraftstoffen ist die Wärmeleitfähigkeit nicht besonders unterschiedlich. Bis 580 K heizt sich $C_{14}H_{30}$ etwas schneller auf als MGO. Bei Kraftstofftemperaturen darüber ist MGO etwas schneller, wobei $C_{14}H_{30}$ eine geringere kritische Kraftstofftemperatur besitzt.
Der Dampfdruck gibt an, welches Druckniveau notwendig ist, um den Kraftstoff für eine bestimmte Temperatur flüssig zu halten. Liegt das Druckniveau unter dem Dampfdruck, so findet

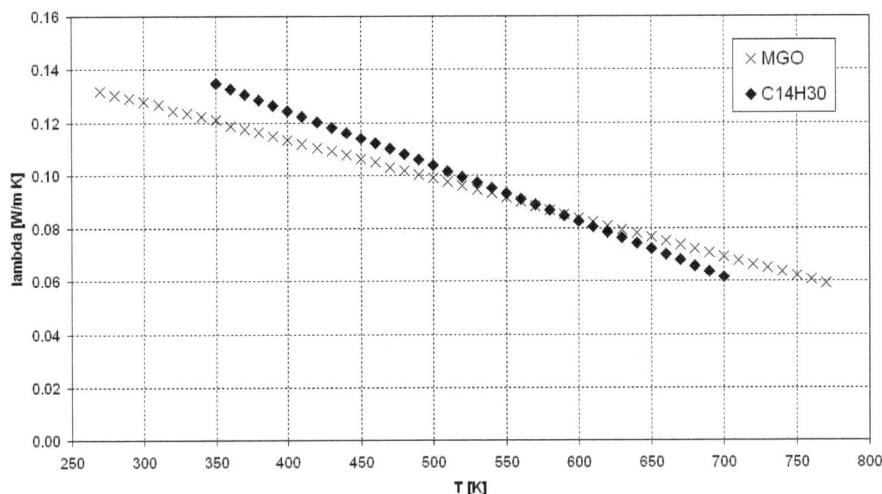

Abbildung 5.18: Wärmeleifähigkeit der flüssigen Phase für $C_{14}H_{30}$ und MGO über der Kraftstofftemperatur

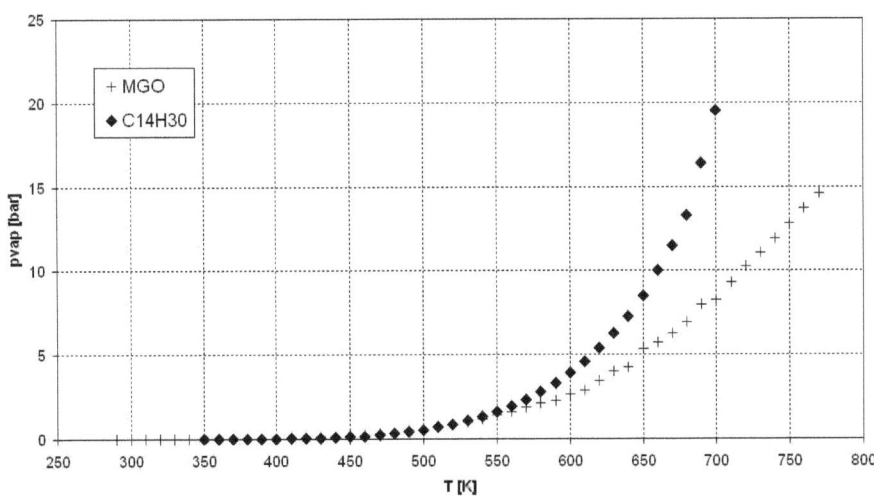

Abbildung 5.19: Dampfdruck der flüssigen Phase für $C_{14}H_{30}$ und MGO über der Kraftstofftemperatur

Verdampfung statt. Daraus folgt für Abbildung 5.19, dass $C_{14}H_{30}$ bei gleicher Temperatur schneller verdampft, da der Druck höher sein müsste als bei MGO.
Die Verdampfungsenthalpie definiert die notwendige Energie, um eine bestimmte Menge Kraftstoff zu verdampfen, ohne dessen Temperatur zu erhöhen. In Abbildung 5.20 wird deutlich,

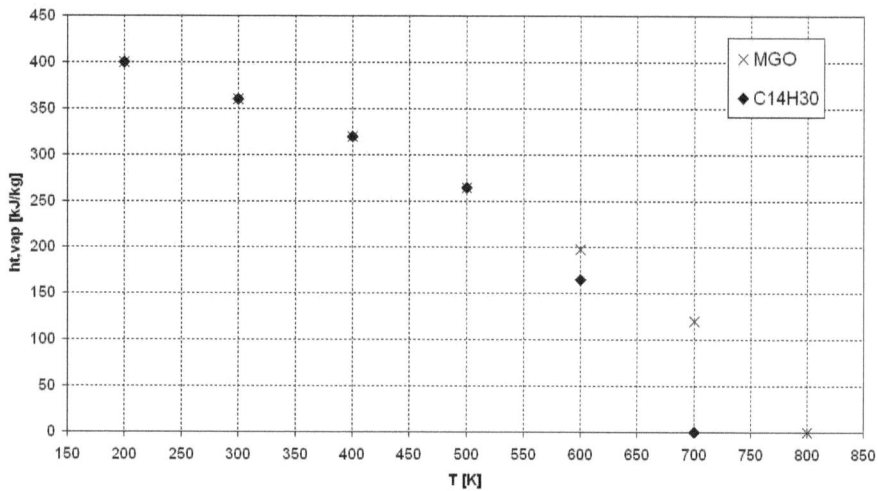

Abbildung 5.20: Verdampfungsenthalpie der flüssigen Phase für $C_{14}H_{30}$ und MGO über der Kraftstofftemperatur

dass die beiden Ersatzkraftstoffe bis 500 K einen identischen Verlauf der Verdampfungsenthalpie besitzen. Bei Temperaturen darüber wird für $C_{14}H_{30}$ weniger Energie für die Verdampfung benötigt.
Aus der Betrachtung der für die Verdampfung relevanten Kraftstoffeigenschaften läßt sich schließen, dass $C_{14}H_{30}$ bei gleicher Tropfengröße schneller verdampfen muss als der Ersatzkraftstoff für MGO. In Abbildung 5.17 lässt sich dieses Verhalten nur sehr schwer beobachten, da nicht genau bestimmt werden kann, ab wann die Verdampfung der Strahleindringung entgegenwirkt. Im Bereich von 0.35 bis 0.65 ms ist die Eindringtiefe von $C_{14}H_{30}$ etwas geringer als für MGO. Dieses Verhalten könnte durch einen etwas schnelleren Tropfenaufbruch bei MGO erklärt werden, was zu einer schnelleren Abbremsung der Tropfen führen würde. Da die Tropfengrößenverteilung im Detail nicht untersucht wurde, kann diese Behauptung jedoch nicht belegt werden.

Zur Beurteilung des Einflusses des Turbulenzmodells auf das Verdampfungsverhalten werden im Folgenden die simulierten Eindringtiefen für die drei Turbulenzmodelle aus Kapitel 5.1 gegenübergestellt. Es wurde mit den bisherigen Modelleinstellungen simuliert, allerdings nur mit dem Ersatzkraftstoff MGO. Abbildung 5.21 zeigt den Vergleich von gemessenen und simulierten Strahleindringtiefen.
Die Eindringtiefen der unterschiedlichen Turbulenzmodelle zeigen auf den ersten Blick keine großen Unterschiede und treffen die durchschnittliche, maximale gemessene Eindringtiefe des flüssigen Kraftstoffstrahls sehr gut. Zu Beginn der Einspritzung gibt es jedoch leichte Unterschiede, die von den verschiedenen Turbulenzmodellen herrühren. Zu beachten ist hier der Verlauf der Strahleindringung bis ca. 0.8 ms. Das Standard k-ϵ-Turbulenzmodell hat den flachsten Anstieg bzw. dringt am langsamsten in den Brennraum ein. Das RNG-k-ϵ-Turbulenzmodell hingegen dringt am schnellsten ein. Das Eindringverhalten des modifizierten k-ϵ-Turbulenzmodells liegt ungefähr zwischen den beiden anderen Turbulenzmodellen. Dieses unterschiedliche Verhalten ist, wie bereits in Kapitel 5.1 gezeigt wurde, wiederum durch die unterschiedlichen turbulenten Viskositäten bestimmt und zeigt daher ein identisches Verhalten wie bei der Spray-

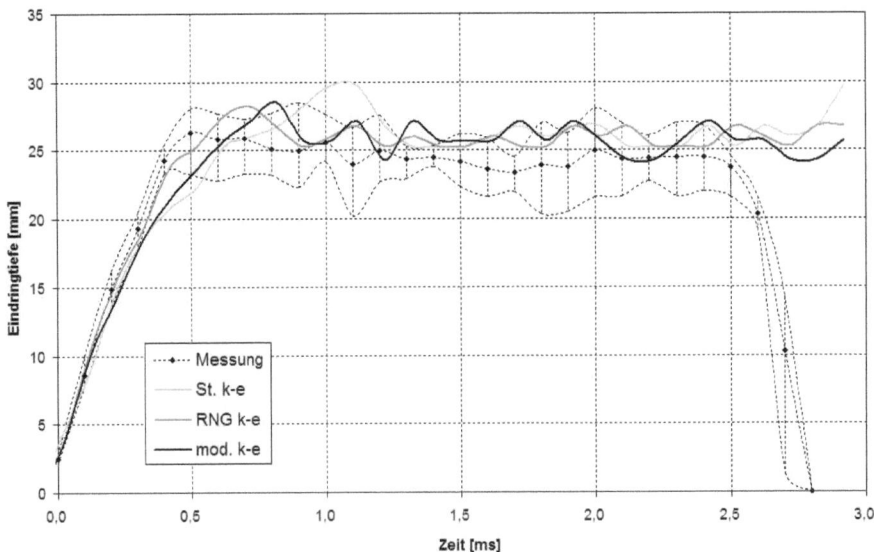

Abbildung 5.21: CFD-Simulationen mit variierendem Turbulenzmodell im Vergleich zu den gemessenen Daten für 75% Last

ausbreitung ohne Verdampfung in Kapitel 5.1 Abbildung 5.10. Die zur Messung abweichenden Ergebnisse der Strahleindringtiefe ab 2.5 ms in Abbildung 5.21 resultieren aus dem langsamen Tropfenaufbruch gegen Ende der Einspritzung, da die durch die Einspritzrate bedingten geringeren Relativgeschwindigkeiten zwischen Tropfen und Luft die Tropfen nur sehr langsam aufbrechen und so tief in das Volumen eindringen können.
Bezüglich des Turbulenzmodells kann gesagt werden, dass alle drei k-ϵ-Turbu-lenzmodelle zu durchaus brauchbaren Ergebnissen bei der Sprayausbreitungssimulation mit Verdampfung führen. Wie sich die Ausbreitung des Kraftstoffdampfes verhält, wurde nicht näher betrachtet, da keine Daten zum Abgleich vorhanden waren. Es ist jedoch davon auszugehen, dass sich die unterschiedlichen Eindringgeschwindigkeiten der flüssigen Phase in der Gasphase fortsetzen.
Da das modifizierte k-ϵ-Turbulenzmodell bereits bei der Sprayausbreitung ohne Verdampfung die besseren Ergebnisse lieferte, wurde für die weiteren Simulationen dieses Turbulenzmodell verwendet.

Für die Untersuchung des Einflusses der Sekundäraufbruchsmodelle auf die Verdampfung wurden wieder das Wave-Modell sowie das KH/RT-Modell mit und ohne Tropfenkollisionsmodell verglichen.
Abbildung 5.22 zeigt die Simulationen mit den unterschiedlichen Aufbruchsmodellen für den 75% Lastfall. Es fällt auf, dass mit aktiviertem Tropfenkollisionsmodell fast kein Unterschied im Eindringverhalten der beiden Aufbruchsmodelle zu sehen ist. Zudem stellt sich bei beiden Simulationen keine konstante Eindringtiefe ein, da, wie die Ergebnisse in Kapitel 5.1 bereits zeigten, sich durch das Tropfenkollisionmodell an der Sprayspitze sehr große Tropfen bilden, die schlecht verdampfen. Darüberhinaus dringen diese Tropfen durch ihren großen Impuls weit in den Brennraum ein. In den einzelnen Simulationsbildern von Abbildung 5.23 und 5.24 ist

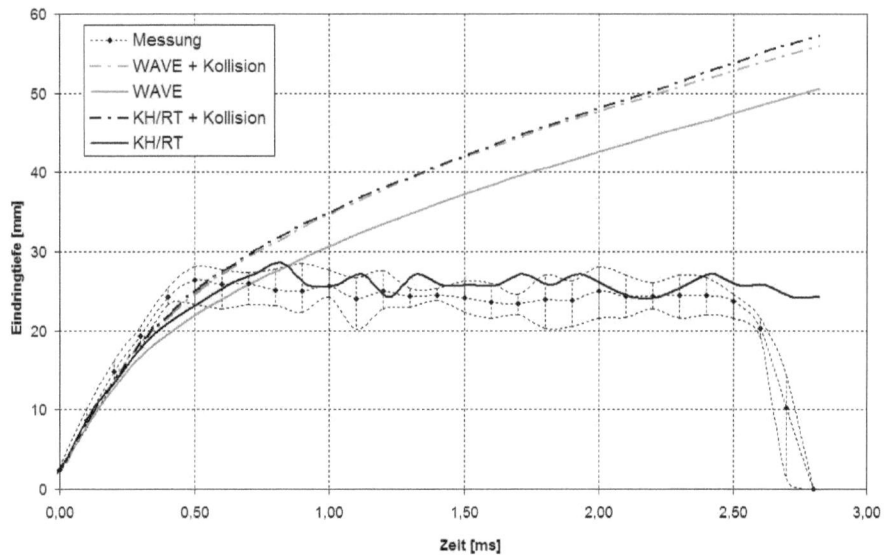

Abbildung 5.22: Untersuchung verschiedener Sekundäraufbruchsmodelle sowie des Tropfenkollisionsmodells für 75% Last

dies sehr gut zu erkennen.
Beim Vergleich von Wave- und KH/RT-Modell ohne Tropfenkollision ist der langsame Tropfenaufbruch des Wave-Modells die Ursache dafür, dass die Tropfen zu tief in den Brennraum eindringen und sich ebenfalls keine konstante Eindringtiefe einstellen kann.
Die Spraysimulationen mit Verdampfung haben gezeigt, dass mit den hier vorgenommenen Einstellungen und Modellen das KH/RT-Sekundäraufbruchsmodell ohne Tropfenkollision die beste Übereinstimmung zwischen Simulation und Messung liefert.

Im Folgenden wurde nun die Gültigkeit der validierten Modelle mit den Messungen für den 25% Lastpunkt überprüft. Der Verdichtungsenddruck betrug 57 bar bei einem Einspritzdruck von 800 bar. Die Modelle und Parameter wurden nicht geändert. Lediglich die initialen Simulationsbedingungen wurden entsprechend den nachzurechnenden Messungen angepasst. Die Ergebnisse der Sprayausbreitungssimulation sind den Messergebnissen in Abbildung 5.25 gegenübergestellt.
Es fällt auf, dass die sich einstellende Eindringtiefe in Abbildung 5.25 in der Simulation manchmal etwas über der Streubreite der Messung liegt. Dennoch kann das Simulationsergebnis im Vergleich zur Messung als sehr gut bewertet werden.

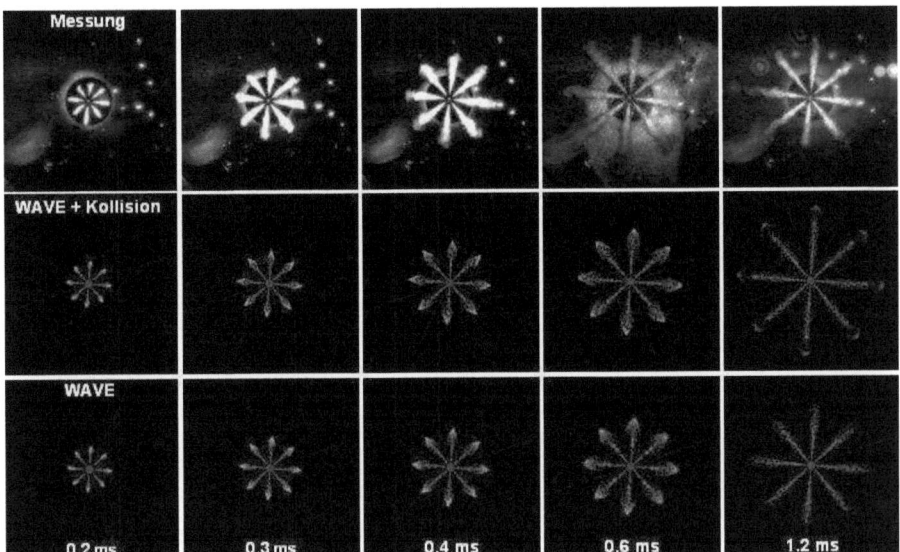

Abbildung 5.23: Gegenüberstellung von Mie-Streulichtaufnahme und Simulation mit Wave-Aufbruchsmodell für 75% Last

Abbildung 5.24: Gegenüberstellung von Mie-Streulichtaufnahme und Simulation mit KH/RT-Aufbruchsmodell für 75% Last

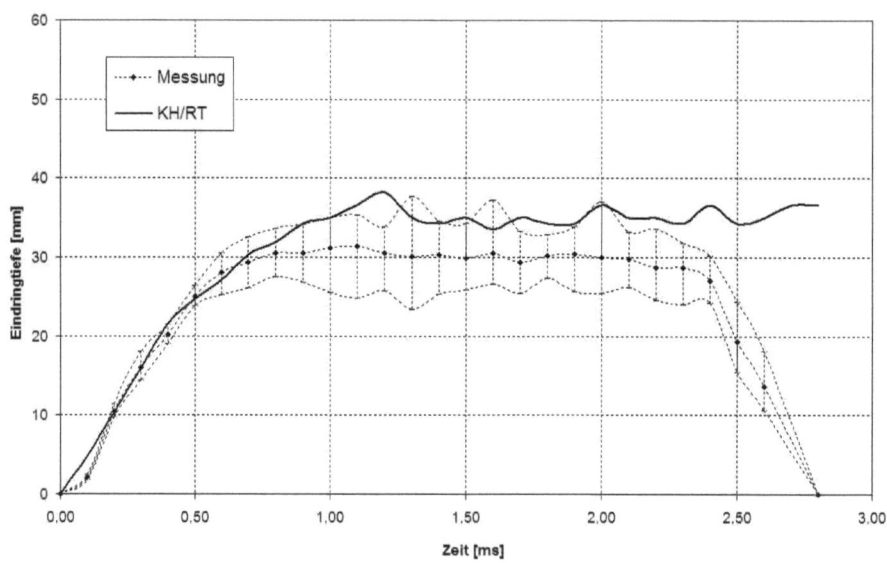

Abbildung 5.25: Simulierte Eindringtiefe im Vergleich zu den gemessenen Daten für 25% Last

5.3 Simulation der dieselmotorischen Verbrennung

Nachdem in den beiden vorangegangenen Kapiteln die Sprayausbreitung sowie die Kraftstoffverdampfung für das neu implementierte erweiterte Kraftstoffmodell validiert wurden, konzentriert sich dieses Kapitel auf die Validierung der Verbrennung und Emissionsbildung.
Bei den Verbrennungssimulationen wurde der Einfluss des erweiterten Kraftstoffmodells in Verbindung mit den neu implementierten Ersatzkraftstoffen MGO, MDF und HFO im Vergleich zum bisherigen Standardersatzkraftstoff Tetradekan untersucht. Außerdem wurden noch einmal die drei bereits bekannten k-ϵ-Turbulenzmodelle gegenübergestellt. Von Interesse war diesbezüglich der Einfluss des Turbulenzmodells auf die Verbrennung, da das verwendete Verbrennungsmodell direkt vom Turbulenzmodell abhängig ist. Darüber hinaus wurden das NO_X- und Ruß-Modell anhand gemessener Emissionswerte validiert.

Messungen

Für die Simulation der Verbrennung und Emissionsbildung wurden bereits vorhandene Messungen des 1L32/40-CD bzw. 1L32/44 Testmotors der MAN Diesel SE mit KIVA3V nachgerechnet. Die Messungen umfassen zahlreiche Motorbetriebsvariationen, angefangen von Einspritzzeitpunktvariationen bis hin zu Messungen mit unterschiedlichen Kolbenmulden. Es wurden sowohl Messungen mit konventionellem als auch Common Rail Einspritzsystem nachgerechnet. Der Motor wurde bei den Untersuchungen mit MGO, MDF oder HFO betrieben. Die Emissionsmessungen erfolgten nach DIN EN ISO 8178 [81].
Die Druckindizierungen wurden über die Druckverlaufsanalyse bzw. Kreisprozessrechnung für die Simulation mit KIVA3V aufbereitet, um den gemessenen Brennverlauf sowie den Summenbrennverlauf zu erhalten. Die Anfangsbedingungen für die CFD-Verbrennungssimulation wurden aus der Druckverlaufsanalyse entnommen und die späteren Simulationsergebnisse mit

den Druck-, Temperatur- und Brennverläufen der Druckverlaufsanalyse verglichen. In vorangegangenen Untersuchungen wurde überprüft, ob der direkte Vergleich von null- und dreidimensionaler Simulation zulässig ist, da durch die unterschiedlichen räumlichen Diskretisierungen Abweichungen in den Berechnungsergebnissen zu erwarten waren. Dafür wurde ein mit KIVA3V simulierter Druckverlauf als Eingangsdruck für die Druckverlaufsanalyse verwendet. Der Vergleich des resultierenden Druckverlaufs mit dem KIVA3V-Druckverlauf zeigte keine nennenswerten Unterschiede. Lediglich die resultierenden Brenn- bzw. Summenbrennverläufe wichen in ihren Energieniveaus etwas ab. Ursache hierfür sind die bereits angesprochenen räumlichen Diskretisierungen von null- und dreidimensionaler Simulation. Dies führt zu Unterschieden bei der spezifischen Wärmekapazität, da bei der nulldimensionalen Simulation der Brennraum durch ein einziges Volumen abgebildet wird, in dem das darin enthaltene Gemisch als homogen angenommen wird. Bei der dreidimensionalen Simulation hingegen wird der Brennraum durch das Berechnungsgitter in viele kleine Zellen aufgeteilt, in denen das Gasgemisch durch unterschiedliche Gemischzusammensetzungen, zum Beispiel durch Verdampfung, Verbrennung oder Emissionsbildung, unterschiedliche Wärmekapazitäten hat. Dies führt in Summe über das gesamte Brennraumvolumen zu Abweichungen bei der Ergebnissen.

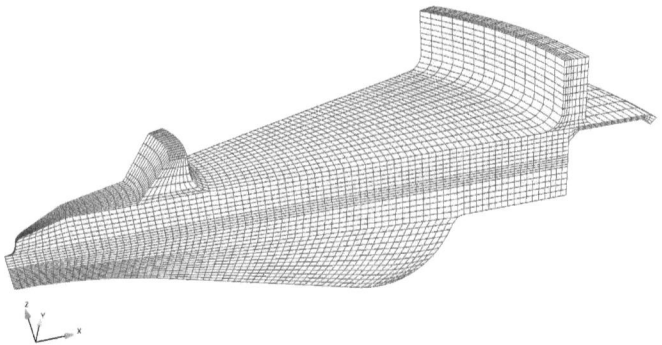

Abbildung 5.26: Berechnungsgitter des 1L32/40-CD Brennraums in OT für einen 13-Lochinjektor

Simulationsvorbereitung

Für die Verbrennungssimulationen wurden Sektornetze erstellt, wie sie bereits in den vorangegangenen Kapiteln verwendet wurden. Folglich wurde nur ein Kraftstoffstrahl simuliert. Die blockstrukturierten Hexaedernetze wurden mit dem kommerziellen Netzgenerator ICEM-Hexa CFD 10.0 erstellt. Die Seitenlänge der Zellen wurde auf ungefähr 2 mm eingestellt. Das Berechnungsgitter wurde über die Ausgleichsvolumina für jeden Messpunkt dem entsprechenden Verdichtungsverhältnis aus der Druckverlaufsanalyse angepasst. Ein repräsentatives Sektornetz des Brennraums für einen 13-Lochinjektor des 1L32/40-CD Testmotors ist in Abbildung 5.26 dargestellt. Das Netz besitzt im unteren Totpunkt (UT) ca. 100.000 Zellen, im oberen Totpunkt (OT) sind es ca. 65.000 Zellen. Der Sektorwinkel beträgt in diesem Fall 27.7°.
Die Startbedingungen der Simulationen stammen aus den Druckverlaufsanalysen der jeweiligen Messungen. Zur Reduzierung der Berechnungszeit wurde ab 15°KW vor OT simuliert. Die Wandtemperaturen waren für jede Bauteiloberfläche konstant und wurden ebenfalls aus der Druckverlaufsanalyse entnommen. Die aus der hydraulischen Simulation resultierende Einspritzzeit, Einspritzdauer, sowie die Einspritzrate wurden in der Verbrennungssimulation als

Startbedingungen für die Kraftstoffeinspritzung vorgegeben. Die eingespritze Kraftstoffmasse sowie der Heizwert des verwendeten Kraftstoffs wurden entsprechend der Summenbrennverläufe aus der Druckverlaufsanalyse eingestellt. Dieser Vorgang ist, trotz des trivialen Sachverhalts, sehr wichtig für die späteren NO_X Simulationsergebnisse und wird daher etwas später in diesem Kapitel genauer beschrieben.
Die Kraftstoffdaten wie Kraftstoffart, Dichte und Viskosität wurden in KIVA3V entsprechend der Messung eingestellt.

Die verwendeten Simulationsmodelle und Parameter sind bereits aus den vorangegangenen Kapiteln zur Validierung der Sprayausbreitung bekannt und werden nur der Vollständigkeit halber nochmals aufgelistet. Folgende Modelle wurden in den Simulationen eingesetzt:

- Standard-k-ϵ- [51], RNG-k-ϵ- [54, 55] und das modifiziertes k-ϵ-Turbulenzmodell nach Janicka und Peters [8]

- erweitertes Einkomponenten-Kraftstoffmodell mit Ersatzkraftstoffen für Tetradekan, MGO, MDF und HFO

- Blob Primäraufbruchsmodell von Reitz [21]

- Kelvin-Helmholtz/ Rayleigh-Taylor (KH/RT) Sekundäraufbruchsmodell [24]

- Spalding Verdampfungsmodell mit KIVA3V-Standardparametern [35, 36]

- Shell-Zündmodell [40] und Characteristic-Timescale-Combustion Modell (CTC-Verbrennungsmodell) [42]

- NO_X-Berechnung mit erweitertem Zeldovich-Mechanismus [62]

- Rußbildung nach Hiroyasu [47], Rußoxidation nach Nagle und Strickland-Constable [48]

Den Ergebnissen aus den vorangegangenen Untersuchungen zum Tropfenaufbruch folgend, wurde das Tropfenkollisionsmodell nicht verwendet, da dessen Einsatz zu unrealistischem Sprayverhalten führt. Die Modellparameter blieben für alle in diesem Kapitel gezeigten Simulationen unverändert und wurden nicht dem entsprechenden Fall angepasst.

Untersuchung des Einflusses des erweiterten Kraftstoffmodells auf die Verbrennungssimulation

In den beiden vorangegangenen Kapiteln wurde das erweiterte Kraftstoffmodell mit der Dichte- und Viskositätsanpassung für Sprayausbreitung und Verdampfung bereits hinreichend untersucht. Den Auswirkungen des Modells auf die Verbrennungssimulation wurde im Folgenden nachgegangen.
Zunächst wurden drei verschiedene Messungen des 1L32/40-CD mit MGO, MDF und HFO für jeweils 100% Last mit KIVA3V unter Verwendung des modifizierten k-ϵ-Turbulenzmodells nachgerechnet. Für jede Messung wurden zwei Simulationen mit dem erweiterten Kraftstoffmodell durchgeführt. Eine mit Tetradekan ($C_{14}H_{30}$) und die andere mit dem zur Messung passenden Ersatzkraftstoff MGO, MDF oder HFO. In jedem Fall wurden bei den Simulationen die Kraftstoffeigenschaften Dichte, Viskosität und Heizwert entsprechend der realen Eigenschaften angepasst.
Für jede Kraftstoffart wurden die Druck-, Brenn-, und Summenbrennverläufe der beiden Simulationen mit den Daten aus der Druckverlaufsanalyse verglichen.

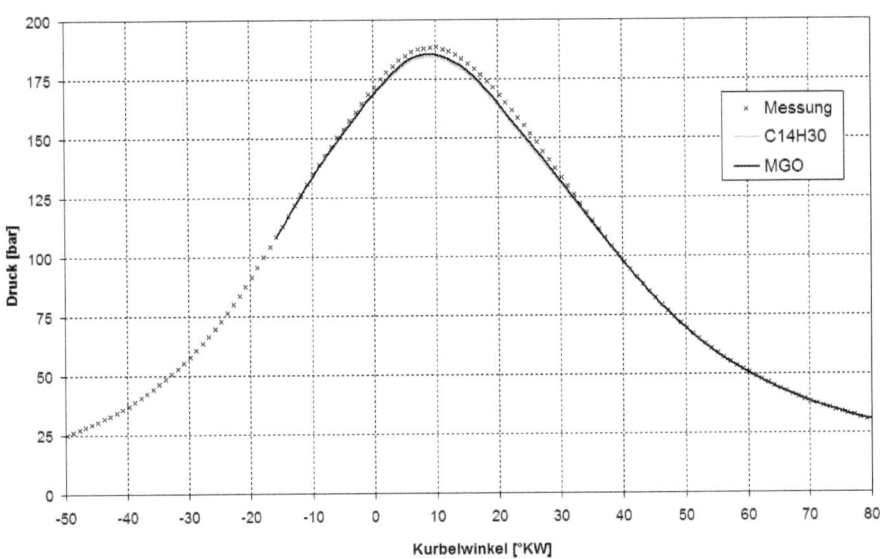

Abbildung 5.27: Gegenüberstellung der simulierten Druckverläufe für $C_{14}H_{30}$ und MGO im Vergleich zur Messung

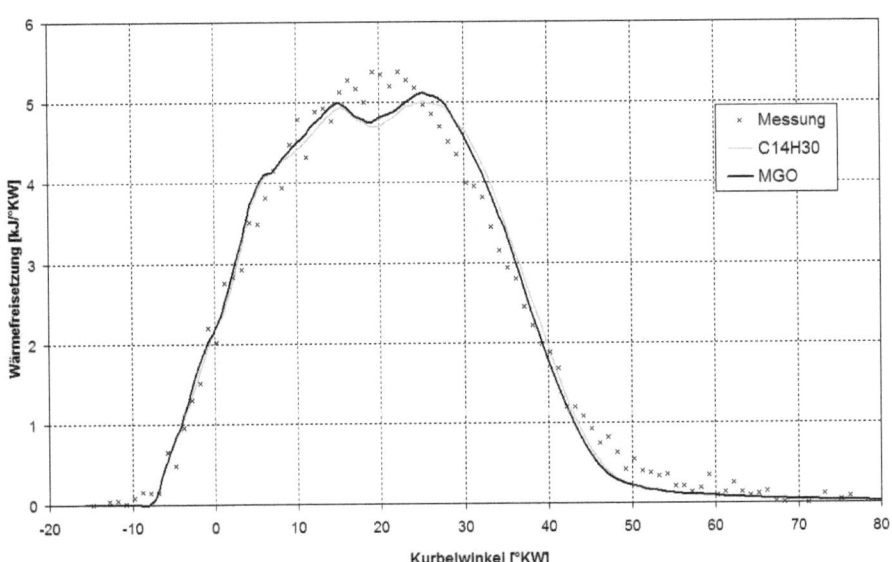

Abbildung 5.28: Gegenüberstellung der simulierten Brennverläufe für $C_{14}H_{30}$ und MGO im Vergleich zur Messung

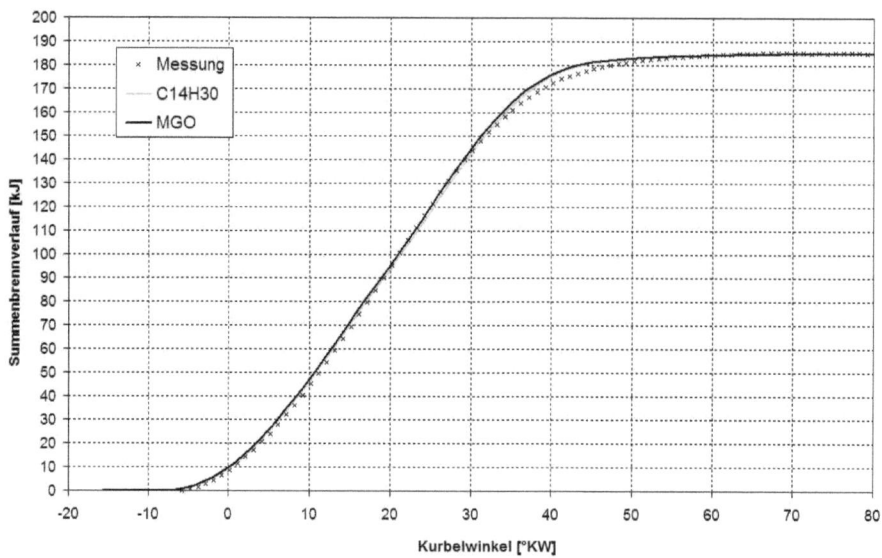

Abbildung 5.29: Gegenüberstellung der simulierten Summenbrennverläufe für $C_{14}H_{30}$ und MGO im Vergleich zur Messung

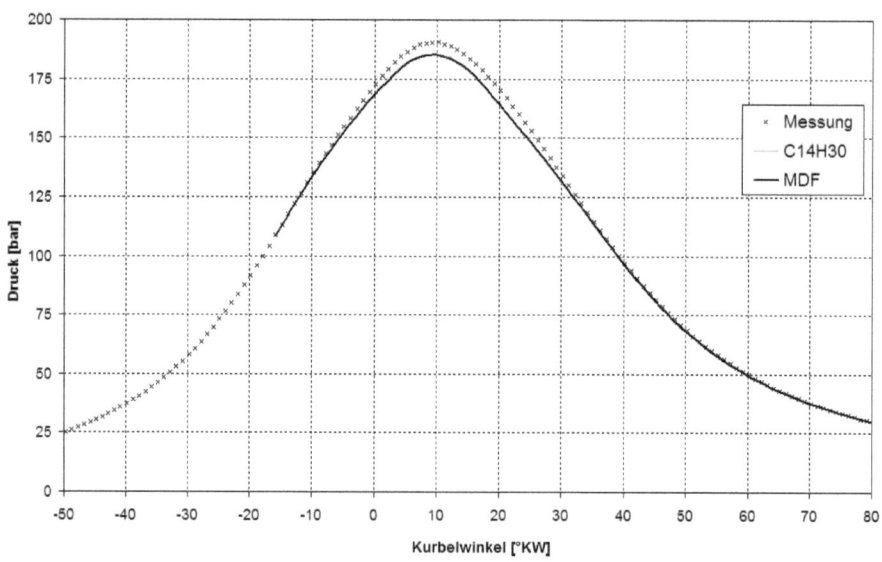

Abbildung 5.30: Gegenüberstellung der simulierten Druckverläufe für $C_{14}H_{30}$ und MDF im Vergleich zur Messung

Die Abbildungen 5.27, 5.28 und 5.29 zeigen die Simulationsergebnisse für $C_{14}H_{30}$ und MGO im Vergleich zur Messung. Der Druckverlauf in Abbildung 5.27 zeigt, dass die Stoffdaten des Ersatzkraftstoffs MGO zu einem etwas besseren Ergebnis führen als die Stoffdaten für $C_{14}H_{30}$. Die Simulation mit dem Ersatzkraftstoff $C_{14}H_{30}$ ergibt für den Brennverlauf in Abbildung 5.28 eine etwas langsamere Wärmefreisetzung von 7°KW bis 28°KW als es für den Ersatzkraftstoff MGO der Fall ist. Für beide Ersatzkraftstoffe wird in der Simulation der Kraftstoff zu 100% umgesetzt, wie Abbildung 5.29 zeigt. Die anderen untersuchten Kraftstoffe MDF und HFO zeigen bei den Messungen und den Brennverläufen aus der Prozessrechunngn kaum Unterschiede. Auch die Simulationen zeigen sowohl mit $C_{14}H_{30}$ als auch mit den neuen Ersatzkraftstoffen für MDF und HFO ein ähnliches Verhalten, wie es in den Abbildungen 5.30 bis 5.35 dargestellt ist. Die marginalen Unterschiede zwischen $C_{14}H_{30}$ und MGO bzw. MDF resulterien aus den Anpassungsfunktionen für Dichte und Viskosität des erweiterten Kraftstoffmodells, die für beide Ersatzkraftstoffe angewendet wurden.

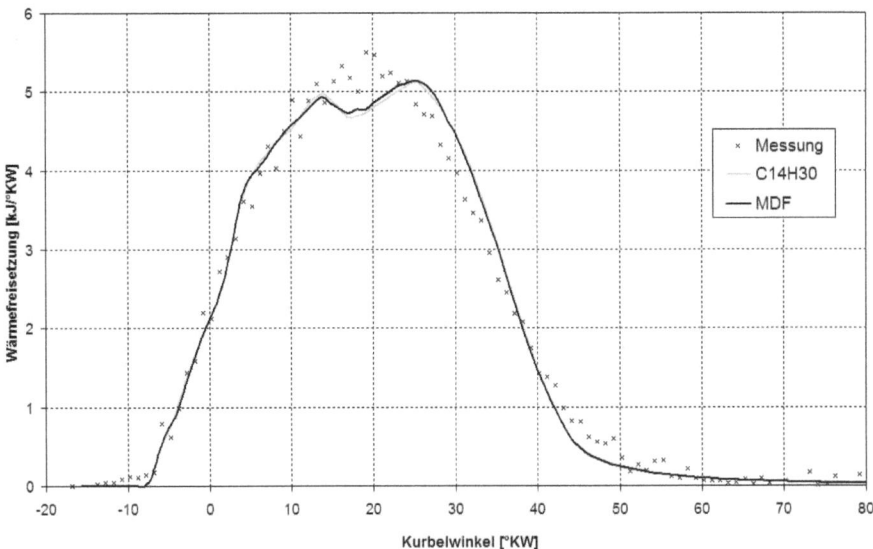

Abbildung 5.31: Gegenüberstellung der simulierten Brennverläufe für $C_{14}H_{30}$ und MDF im Vergleich zur Messung

Wie die Untersuchungen zur Sprayausbreitung in den Kapiteln 5.1 und 5.2 gezeigt haben, ist der Tropfenaufbruch sowie die Eindringtiefe der beiden Ersatzkraftstoffe aufgrund der angepassten Dichte und Viskosität praktisch identisch und kann daher nicht für die Unterschiede in den Verläufen verantwortlich sein. Folglich resultiert die Abweichung aus den nicht angepassten Kraftstoffeigenschaften: Dampfdruck, Verdampfungsenthalpie bzw. Wärmeleitfähigkeit. Eine weitere Ursache könnten die unterschiedlichen Anteile von Kohlenstoff (C) und Wasserstoff (H) der Ersatzkraftstoffe sein. Da die Bildungsenthalpie von Kohlendioxid (CO_2 ca. 400 kJ/mol) höher ist als von Wasser (H_2O ca. 240 kJ/mol) und die dafür zuständigen Reaktionsgleichungen nicht gleich schnell ablaufen, kann ein prozentual unterschiedlicher Anteil von C und H trotz identischem unterem Heizwert des Ersatzkraftstoffs zu zeitlichen Unterschieden bei der Wärmefreisetzung führen.

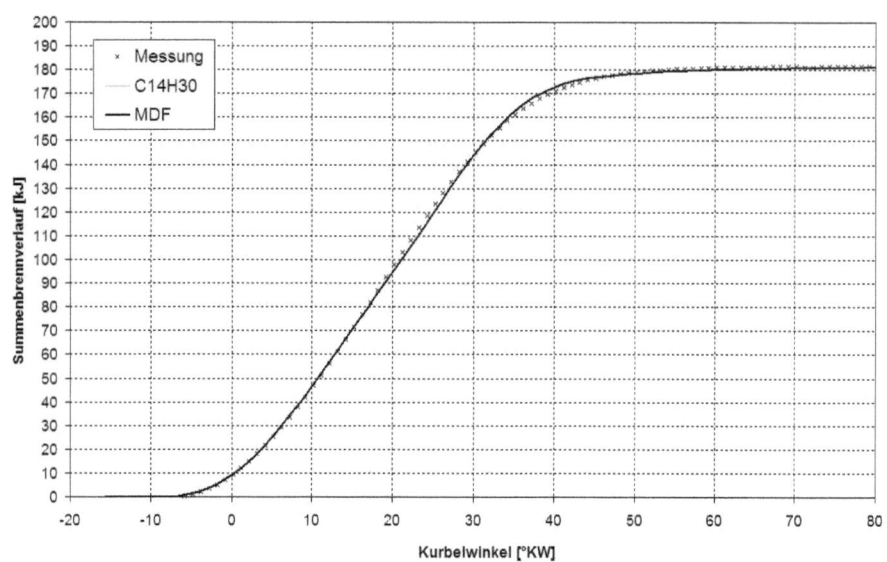

Abbildung 5.32: Gegenüberstellung der simulierten Summenbrennverläufe für $C_{14}H_{30}$ und MDF im Vergleich zur Messung

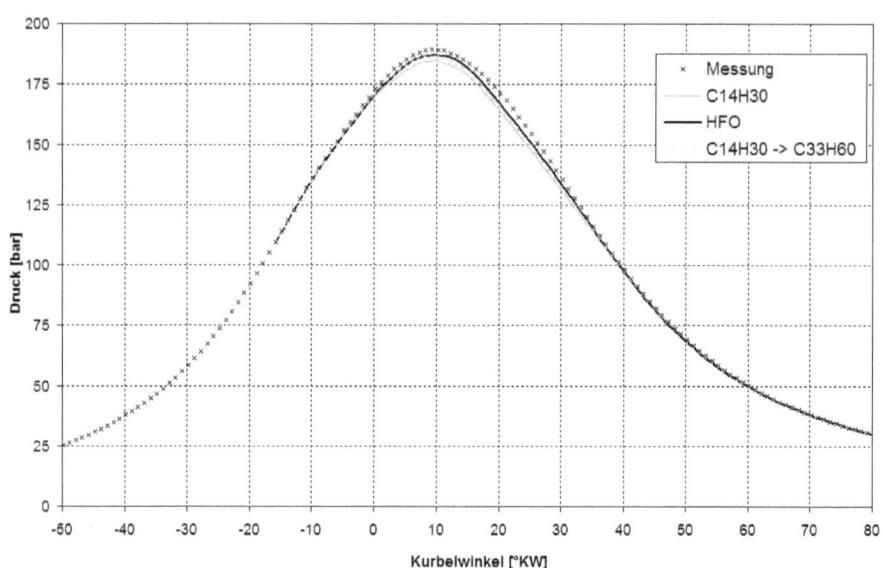

Abbildung 5.33: Gegenüberstellung der simulierten Druckverläufe für $C_{14}H_{30}$ HFO und dem modifizierten Ersatzkraftstoff $C_{33}H_{60}$ im Vergleich zur Messung

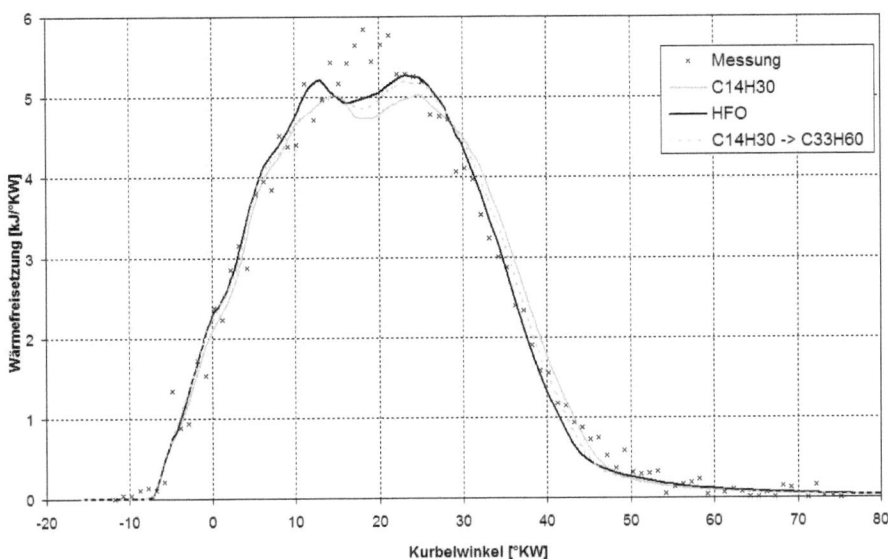

Abbildung 5.34: Gegenüberstellung der simulierten Brennverläufe für $C_{14}H_{30}$ und HFO im Vergleich zur Messung

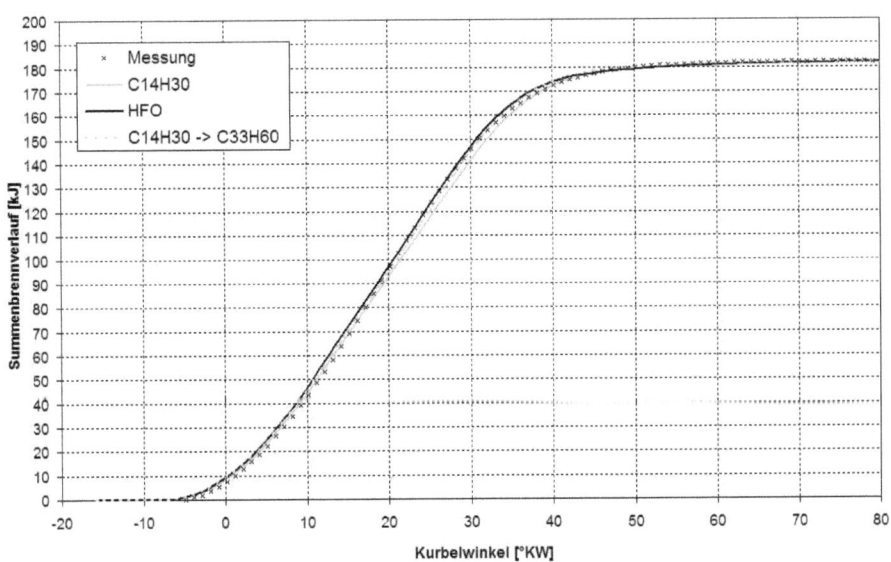

Abbildung 5.35: Gegenüberstellung der simulierten Summenbrennverläufe für $C_{14}H_{30}$ und HFO im Vergleich zur Messung

Für die Modellierung des Ersatzkraftstoffs HFO wurde aus Kraftstoffanalysen der prozentuale Anteil von C und H entnommen und mit einem gemessenen Molgewicht die Anzahl der C- und H-Atome berechnet. Aufgrund des hohen Schwefelanteils von ca. 3% für den analysierten Kraftstoff wurde der Schwefel dem Wasserstoff zugeordnet, da die Bildungsenthalpien von SO_2 und H_2O sehr ähnlich sind. Der prozentuale Anteil bezogen auf die Masse betrug demnach 87% C und 13% H. Daraus ergab sich für HFO ein $C_{33}H_{60}$ Molekül mit einem Molgewicht von 460 kg/kmol. Für die Ersatzkraftstoffe MGO und MDF wurde entsprechend vorgegangen.

Zur Überprüfung des Einflusses unterschiedlicher Anteile von C und H im Ersatzkraftstoff wurde der Ersatzkraftstoff $C_{14}H_{30}$ so geändert, dass er bei identischen prozentualen Anteilen von C und H dem Molgewicht des Ersatzkraftstoffs HFO entspricht. Dadurch ergab sich der Ersatzkraftstoff $C_{33}H_{60}$. Alle anderen Kraftstoffeigenschaften blieben entsprechend $C_{14}H_{30}$ unverändert. Die Abbildungen 5.33, 5.34 und 5.35 zeigen neben den Simulationsergebnissen für $C_{14}H_{30}$ und HFO auch die Ergebnisse des modifizierten $C_{33}H_{60}$ Ersatzkraftstoffs. Es wird deutlich, dass der Anteil von C und H im Kraftstoff nicht beliebig gewählt werden kann, da die Umsetzung von Kohlenstoff nach CO_2 beziehungsweise Wasserstoff zu H_2O unterschiedlich schnell abläuft. Der angepasste Ersatzkraftstoff $C_{33}H_{60}$ ergibt im Vergleich zur Messung eine bessere Übereinstimmung als es für $C_{14}H_{30}$ der Fall ist. Dennoch ist eine Abweichung von $C_{33}H_{60}$ zum Ersatzkraftstoff HFO zu erkennen. Dies kann anhand der vorliegenden Ergebnisse nur aus den unterschiedlichen Verdampfungseigenschaften der Ersatzkraftstoffe resultieren, da alle anderen Eigenschaften identisch sind.

Die Simulationsergebnisse zur Untersuchung des Einflusses der neuen Ersatzkraftstoffe MGO, MDF und HFO, in Kombination mit dem erweiteren Kraftstoffmodell, zeigen deutlich, dass die neuen Modelle bessere Ergebnisse im Vergleich zur Messung liefern als es für das bisherige Standardmodell $C_{14}H_{30}$ der Fall ist. Die folgenden Verbrennungssimulationen wurden daher mit den neuen Modellen durchgeführt.

Untersuchung der Interaktion von Turbulenz und Verbrennung

Da das verwendete CTC-Verbrennungsmodell auf Ergebnisse des Turbulenzmodells zurückgreift, ist es nicht möglich die beiden Modelle einzeln zu validieren. Das Verbrennungsmodell verwendet zur Berechnung der chemischen Zeitskala die turbulente kinetische Energie k und die Dissipation ϵ als Eingangsgrößen. Aus diesem Grund wurde für die Validierung der Verbrennung eine Variation des Turbulenzmodells mit drei verschiedenen k-ϵ-Modellen (Standard-k-ϵ-, RNG-k-ϵ-, modifiziertes k-ϵ-Turbulenzmodell) und ansonsten identischen Einstellungen durchgeführt.

Für die Untersuchung wurde ein Volllast-Punkt des 1L32/40-CD mit MGO und konventionellem Einspritzsystem gewählte. Abbildung 5.36 zeigt die simulierten Druckverläufe der drei verschiedenen Turbulenzmodelle im Vergleich zum gemessenen Druckverlauf. Zunächst fällt auf, dass alle drei Turbulenzmodelle zu mehr oder weniger stark unterschiedlichen Druckverläufen führen. Vor allem das Standard k-ϵ-Turbulenzmodell weicht sehr stark von der Messung und den beiden anderen Turbulenzmodellen ab. Bei der Betrachtung des simulierten Brennverlaufs des Standard k-ϵ-Turbulenzmodells in Abbildung 5.37 ist zu erkennen, dass die Verbrennung ab ca. 5°KW nach OT sehr stark verschleppt wird und die Energie des Kraftstoffs nur sehr langsam freigesetzt wird, was zu einer nicht vollständigen Verbrennung des vorhandenen Kraftstoffs führt. Die anderen beiden Turbulenzmodelle folgen dem berechneten Brennverlauf aus der Druckverlaufsanalyse recht gut. Allerdings fällt der Brennverlauf des RNG-k-ϵ-Turbulenzmodells früher ab als der des modifizierten k-ϵ-Turbulenzmodells, was auch bei diesem Turbulenzmodell zu einer nicht vollständigen Verbrennung des Kraftstoffs führt, wie der Summenbrennverlauf in Abbildung 5.38 deutlich zeigt.

Da die Simulationen mit identischen Modellen und Einstellungen und lediglich unterschiedlichen

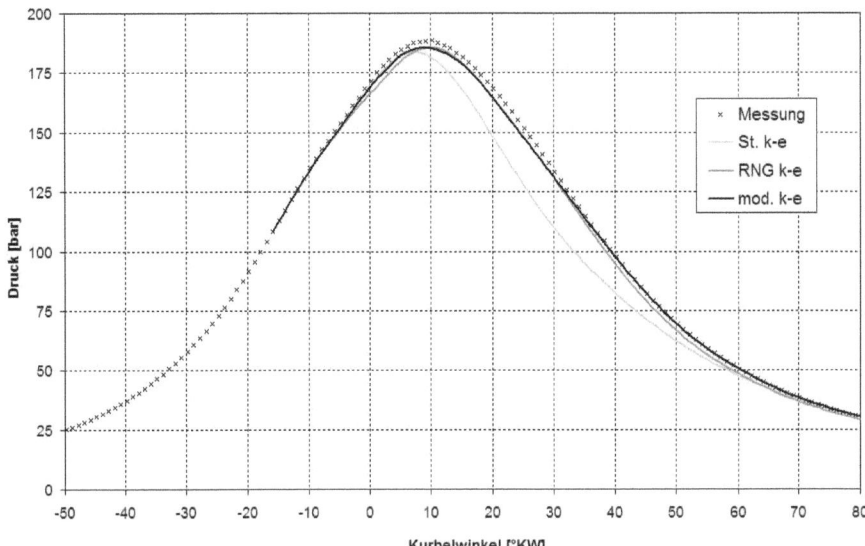

Abbildung 5.36: Gegenüberstellung der Druckverläufe der verschiedenen k-ϵ-Turbulenzmodelle mit dem gemessenen Druckverlauf

Turbulenzmodellen durchgeführt wurden, kann dieses Verhalten lediglich zwei Ursachen haben. Entweder erzeugen die Turbulenzmodelle sehr stark unterschiedliche chemische Zeitskalen für die Verbrennung des Kraftstoffs oder die Strömungen und damit die Gemischbildung sind sehr unterschiedlich. Die dritte Möglichkeit wäre eine Kombination beider Optionen. Zur Klärung dieses Problems wurden zunächst die Zeitskalen des Verbrennungsmodells genauer betrachtet. Dafür muss die Funktionsweise des Verbrennungsmodells bekannt sein, auf die nun etwas genauer eingegangen wird.

Innerhalb einer einzelnen Zelle des Berechnungsraums befindet sich eine bestimmte Menge eines Kraftstoff-Luft-Gemischs mit bekannten Anteilen an Kraftstoff und Sauerstoff. Um zu bestimmen, wie viel Kraftstoff während einer bekannten Zeitspanne verbrennt, muss zunächst die chemische Zeitskala vom Verbrennungsmodell berechnet werden. Die chemische Zeitskala setzt sich beim hier verwendeten CTC-Verbrennungsmodell aus einer laminaren und einer turbulenten Zeitskala zusammen. Die laminare Zeitskala τ_l basiert auf einer einfachen Arrheniusfunktion und ist lediglich von den Anteilen von Kraftstoff [RH] und Sauerstoff [O2] sowie der örtlichen Temperatur T abhängig,

$$\tau_l = A^{-1}[RH]^{0.75}[O_2]^{-1.5} exp(\frac{E}{R_0 T}) \ . \tag{5.2}$$

Daraus folgt für ein fettes Gemisch oder für eine geringe, örtliche Temperatur eine sehr hohe laminare Zeitskala. Die turbulente Zeitskala τ_t errechnet sich direkt aus den Turbulenzgrößen, der turbulenten kinetischen Energie k, der Dissipation ϵ sowie einem Parameter C_2

$$\tau_t = C_2 \, k/\epsilon \ . \tag{5.3}$$

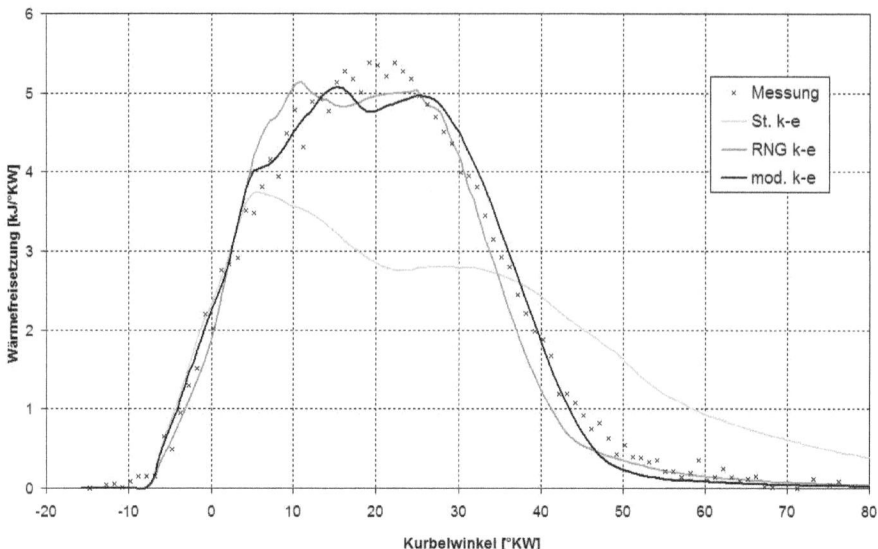

Abbildung 5.37: Brennverläufe der drei k-ϵ-Turbulenzmodelle im Vergleich zum berechneten Brennverlauf aus der Druckverlaufsanalyse

Zur Berechnung der chemischen Zeitskala τ_c werden laminare und turbulente Zeitskala addiert, wobei die turbulente Zeitskala noch zusätzlich mit f multipliziert wird. Dieser Gewichtungsterm berechnet sich in Abhängigkeit der Gaszusammensetzung bzw. des umgesetzten Kraftstoffs in der betrachteten Zelle und schwankt zwischen 0 und 1. Daraus ergibt sich für die chemische Zeitskala folgender Zusammenhang

$$\tau_c = \tau_l + f\tau_t . \tag{5.4}$$

Generell führt eine hohe chemische Zeitskala zu einer langsameren Kraftstoffumsetzung. Abbildung 5.39 zeigt die über das Berechnungsgitter gemittelten chemischen Zeitskalen für die drei verschiedenen k-ϵ-Turbulenzmodelle. Wenn man die Summenbrennverläufe aus Abbildung 5.38 betrachtet und diese mit dem Verlauf der chemischen Zeitskalen vergleicht, fällt vor allem für das Standard k-ϵ-Turbulenzmodell auf, dass die schlechte Umsetzung des Kraftstoffs nicht ausschließlich mit der chemischen Zeitskala erklärt werden kann. Zwar befindet sich die chemische Zeitskala ab ca. 30°KW stets über der Zeitskala des modifizierten k-ϵ-Modells, doch das RNG-k-ϵ-Modell weist eine noch höhere chemische Zeitskala auf, obwohl dessen Kraftstoffumsetzung besser als beim Standard k-ϵ-Turbulenzmodell ist.
Betrachtet man die einzelnen Terme der chemischen Zeitskala in den Abbildung 5.40 und 5.41, also turbulente und laminare Zeitskala, wird klar, dass die Interaktion zwischen Verbrennungsmodell und Turbulenzmodell nicht der Grund für die schlechte Umsetzung des Kraftstoffs sein kann. In Abbildung 5.40 sind die turbulenten Zeitskalen dargestellt. Nach diesen Zeitskalen müsste das RNG-k-ϵ-Turbulenzmodell den Kraftstoff am schnellsten umsetzen. Das Standard- sowie das modifizierte k-ϵ-Turbulenzmodell wären in etwa gleich schnell, wobei das Standard k-ϵ-Turbulenzmodell etwas langsamer wäre. Die turbulente Zeitskala trägt also nur zu einem kleinen Teil zur schlechten Kraftstoffumsetzung von Standard und RNG-k-ϵ-Turbulenzmodell

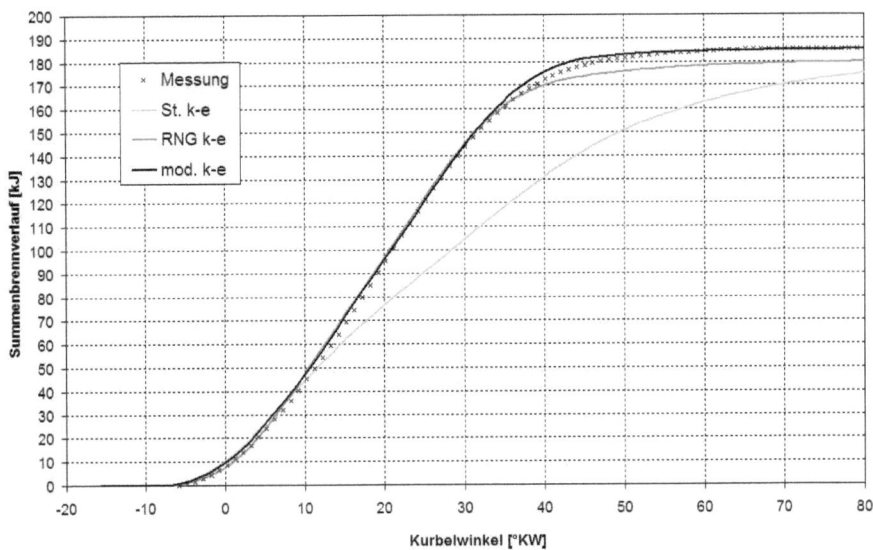

Abbildung 5.38: Summenbrennverläufe der drei k-ϵ-Turbulenzmodelle im Vergleich zum berechneten Summenbrennverlauf aus der Druckverlaufsanalyse

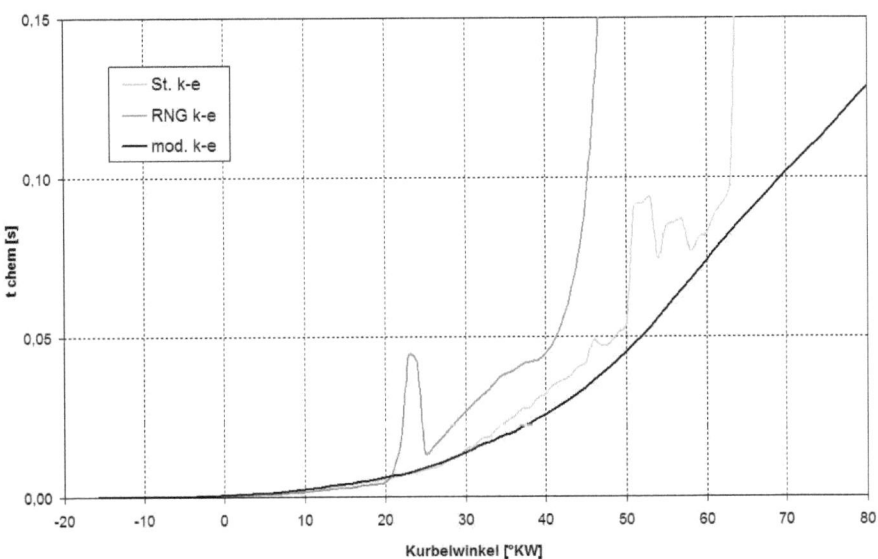

Abbildung 5.39: Gemittelte chemische Zeitskalen der drei k-ϵ-Turbulenzmodelle

bei. Wenn man sich den zeitlichen Verlauf der laminaren Zeitskala in Abbildung 5.41 und die Arrheniusgleichung 5.2 ansieht, kann man die Ursache auf zwei Sachverhalte eingrenzen. Entweder ist die lokale Temperatur in den betrachteten Zellen sehr niedrig oder es liegt ein sehr fettes Kraftstoff-Luft-Gemisch vor. Die Temperatur kann für dieses Verhalten ausgeschlossen werden, da die Verbrennung bis ca. 5°KW nach OT sehr gut voranschreitet.

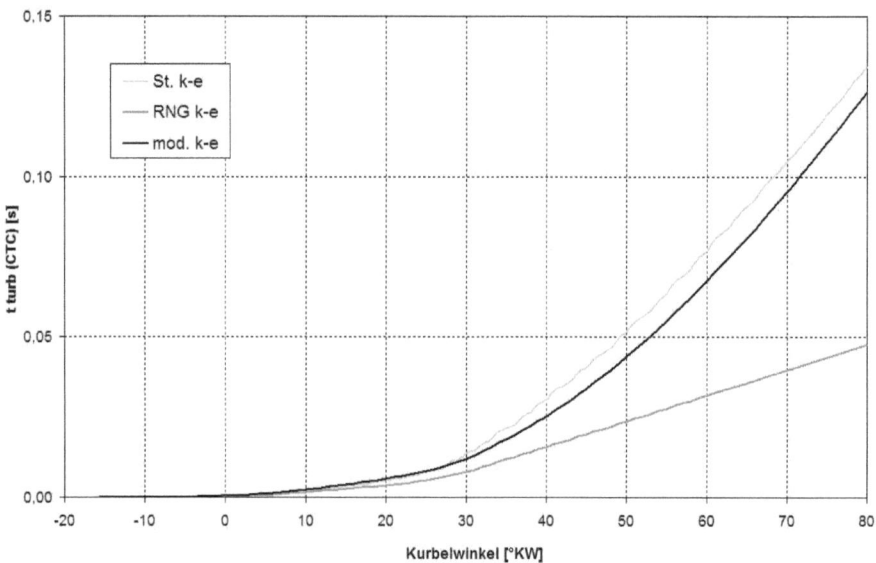

Abbildung 5.40: Gemittelte turbulente Zeitskalen der drei k-ϵ-Turbulenzmodelle

Um das Problem des lokal sehr fetten Kraftstoff-Luft-Gemischs zu untersuchen, wurden die Simulationsergebnisse in Bezug auf das Strömungsverhalten und die Lambda-Verteilung genauer betrachtet. Die Abbildung 5.42 zeigt einen Schnitt durch die Sprayachse. Auf der Schnittebene ist der lokale Wert von Lambda als Farbkonturplot dargestellt. Zudem werden Geschwindigkeitsvektoren angezeigt, um den Strömungsverlauf besser darstellen zu können.
Die Bildreihenfolge zeigt von links nach rechts die Ergebnisse für das modifizierte, das RNG- und das Standard k-ϵ-Turbulenzmodell. Der zeitliche Abstand der Bilder beträgt jeweils 20°KW. Die Einspritzung erfolgt bei 9°KW vor OT. Wie Abbildung 5.42 zeigt, verbrennt das Kraftstoff-Luft-Gemisch beim modifizierten k-ϵ-Turbulenzmodell problemlos ohne irgendwelche Auffälligkeiten. Wenn man sich die Ergebnisse des RNG-k-ϵ-Modells im Vergleich zu denen des modifizierten k-ϵ-Modells ansieht, so verhalten sich die Strömungen der beiden Simulationen zunächst sehr ähnlich. Da aber das RNG-k-ϵ-Turbulenzmodell, wie bereits in Kapitel 5.1 gezeigt, eine sehr viel geringere turbulente Viskosität erzeugt als das modifizierte k-ϵ-Turbulenzmodell, kann der gasförmige Kraftstoffstrahl weiter in den Brennraum eindringen und trifft so eher auf die Kolbenkrone bzw. in die Mulde des Kolbens. Der aus Kapitel 3.1 bekannte, zusätzliche Term des RNG-k-ϵ-Modells reduziert die turbulente Viskosität bei hohen Schergeschwindigkeiten nur während der Einspritzung. Bei geringen Schergeschwindigkeiten entspricht das Tubulenzmodell jedoch dem Standard k-ϵ-Modell [56], was wieder zu einer sehr hohen turbulenten Viskosität führt. Daher kann sich nach Beendigung der Einspritzung und dem Abklingen der hohen Schergeschwindigkeiten das sehr fette Kraftstoff-Luft-Gemisch in der Kolbenmulde anlagern.

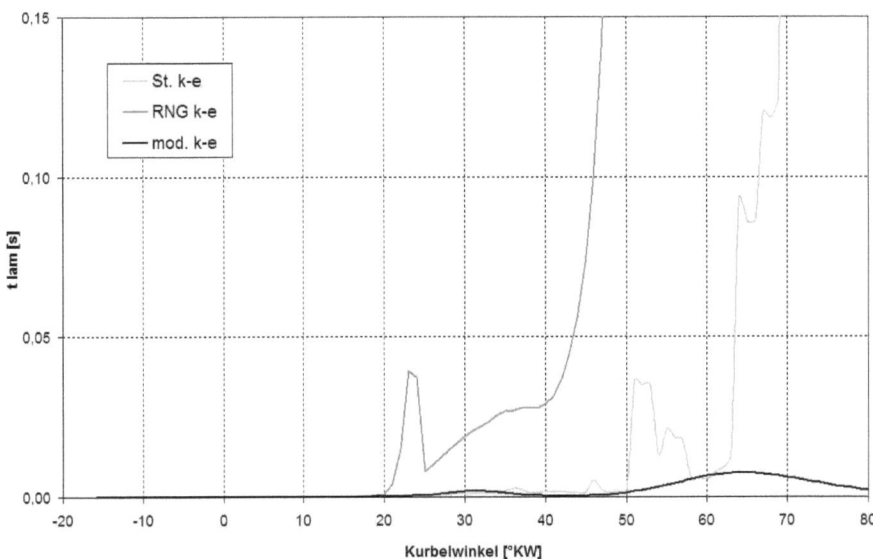

Abbildung 5.41: Gemittelte laminare Zeitskalen der drei k-ϵ-Turbulenzmodelle

Aufgrund mangelnder Strömungsbewegung wird es nicht mehr abtransportiert. Dies führt zu einer schlechten Gemischbildung und damit zum Erliegen der Verbrennung, wie man es am Summenbrennverlauf in Abbildung 5.38 bereits beobachten konnte.

Beim Standard k-ϵ-Turbulenzmodell ist ein ähnliches Problem zu beobachten. Durch die sehr hohe turbulente Viskosität des Modells wird der Kraftstoffstrahl sehr stark verzögert und die Durchmischung von Kraftstoff und Luft ist entsprechend schlecht. Zudem lagert sich das Gemisch am Zylinderkopf an. Um 25°KW nach OT entsteht im Bereich des fetten Gemischs ein großer Wirbel, wodurch kein neuer Sauerstoff in die fette Zone eingebracht werden kann.

Bezüglich des Strömungsverhaltens der k-ϵ-Turbulenzmodelle kann gesagt werden, dass die Durchmischung bei frühem Wandkontakt zum Erliegen kommt und dadurch der Kraftstoff nicht vollständig verbrannt wird. Wie spätere Simulationen mit dem modifizierten k-ϵ-Turbulenzmodell zeigen werden, tritt bei geringen Lasten auch bei diesem Modell das Phänomen auf, dass bei frühem Wandkontakt die Durchmischung von Kraftstoff und Luft beeinträchtigt wird und der Kraftstoff dadurch nicht vollständig umgesetzt werden kann.

Für die Turbulenzmodellierung kann nach der Untersuchung der hier verwendeten Modelle gesagt werden, dass das modifizierte k-ϵ-Turbulenzmodell das beste Ergebnis mit den hier verwendeten Modellen und Parametern liefert. Die weiteren Untersuchungen werden daher mit diesem Turbulenzmodell durchgeführt.

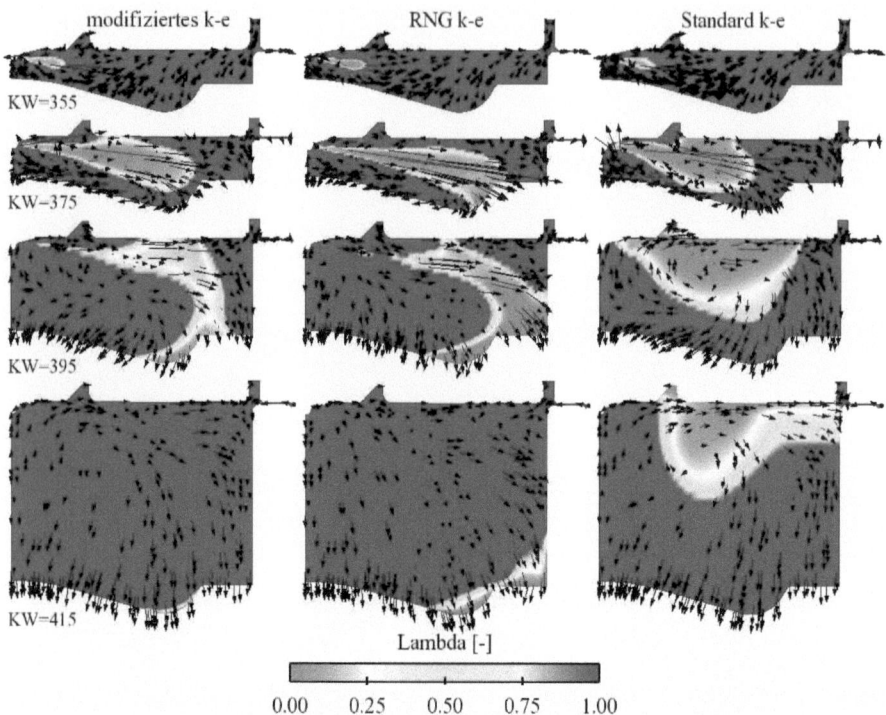

Abbildung 5.42: Zeitliche Entwicklung des Strömungsverhaltens und des lokalen Lambdas für die verschiedenen k-ϵ-Turbulenzmodelle

Untersuchung und Einstellung der Geschwindigkeitskonstanten für den erweiterten Zeldovich-Mechanismus

Für die Simulation der Stickoxid-Emissionen wurde der in KIVA3V verwendete, erweiterte Zeldovich-Mechanismus genauer untersucht und die Geschwindigkeitskonstanten der Reaktionsgleichungen variiert. Die drei verwendeten Reaktionsgleichungen lauten:

$$O + N_2 \overset{k_{1,+/-}}{\rightleftharpoons} NO + N, \tag{5.5}$$

$$N + O_2 \overset{k_{2,+/-}}{\rightleftharpoons} NO + O, \tag{5.6}$$

$$N + OH \overset{k_{3,+/-}}{\rightleftharpoons} NO + H. \tag{5.7}$$

Als Grundlage für die Variationen wurde die Dissertation von Heider [64] verwendet.

Es wurden demnach folgende Geschwindigkeitskonstanten für die Arrheniusgleichungen betrachtet:

- KIVA3V
- Pattas

- Wray

- Baulch

- Urlaub

Als Testfall wurde eine Einspritzzeitpunktvariation mit drei Messungen für den 1L32/40-CD mit CR-Einspritzung verwendet. Die untersuchten Einspritzzeitpunkte lagen bei 9, 5 und 2°KW vor OT. Der Schwerpunkt der Untersuchung lag zum einen auf der Vorhersage des richtigen Trends, also der Qualität der Simulationen, aber auch auf den quantitativen Ergebnissen im Vergleich zu den Messungen. Die Simulationen wurden mit den identischen Modellen und Parametereinstellungen durchgeführt, wie sie in den vorangegangenen Untersuchungen verwendet wurden. Die Abbildungen 5.43, 5.44 und 5.45 zeigen den Vergleich des Brennverlaufs der Simulationen mit den Messungen. Wie zu erkennen ist, beeinflussen die unterschiedlichen Geschwindigkeitskonstanten des NO_X-Modells den Brennverlauf praktisch nicht. Die mit „Hu" (für unterer Heizwert) beschrifteten Brennverläufe sind Simulationsergebnisse mit Geschwindigkeitskonstanten nach Pattas [63] und verändertem Heizwert, auf die etwas später genauer eingegangen wird.

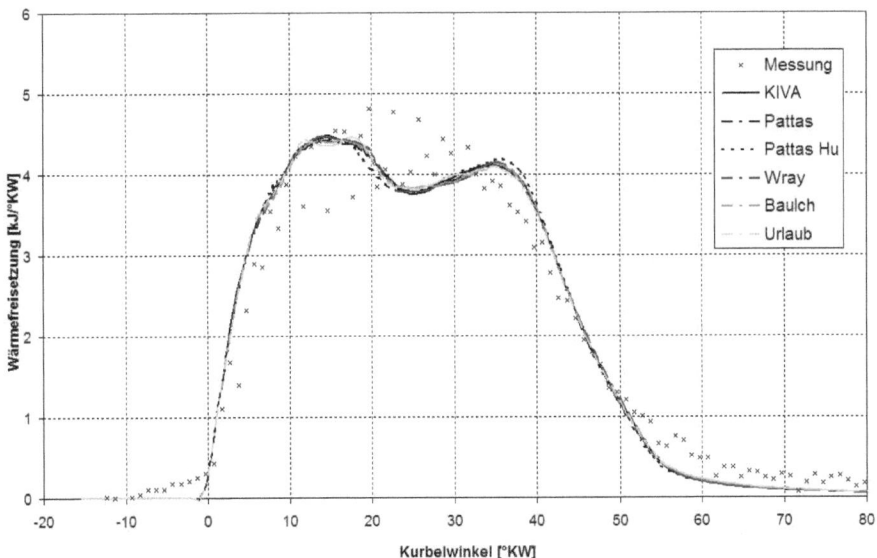

Abbildung 5.43: Brennverläufe der Simulationen mit unterschiedlichen Geschwindigkeitskonstanten des erweiterten Zeldovich-Mechanismuses für späte Einspritzung, 2° v. OT

Bei der Betrachtung der simulierten und gemessenen NO_X-Werte in Abbildung 5.46 sind bei den aus [64] stammenden Geschwindigkeitskonstanten nur leichte Unterschiede in den Trends zu beobachten. Den besten Trend liefern nach den hier gezeigten Ergebnissen die Simulationen mit Geschwindigkeitskonstanten nach Pattas, die sehr ähnlich den Standard KIVA3V-Ergebnissen sind.

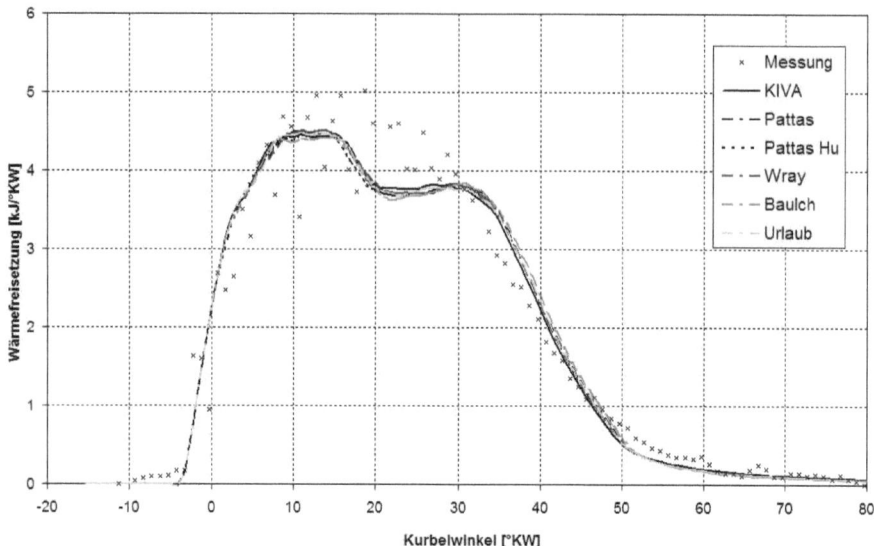

Abbildung 5.44: Brennverläufe der Simulationen mit unterschiedlichen Geschwindigkeitskonstanten des erweiterten Zeldovich-Mechanismuses für mittlere Einspritzung, 5° v. OT

Bezüglich der allgemein sehr hohen NO_X-Werte bei der Simulation wurde der genaue Grund für dieses Verhalten hinterfragt. Wie viel Energie durch den Kraftstoff in den Brennraum eingebracht wird, ist durch die eingespritzte Kraftstoffmenge und den unteren Heizwert des Kraftstoffs festgelegt. Bei der Angabe der initialen Eingabedaten für eine Verbrennungssimulation müssen diese beiden Werte vorgegeben werden. Die Menge des eingespritzten Kraftstoffs wurde in den bisherigen Simulationen aus der hydraulischen Simulation des Einspritzsystems entnommen und der Heizwert dann entsprechend dem Summenbrennverlauf aus der Druckverlaufsanalyse angepasst. Daraus folgte in der Regel ein höherer Heizwert, als ihn der reale Kraftstoff hat.

Zur Klärung des Problems wurde dieses Vorgehen geändert, indem für die Simulation der reale Heizwert des Kraftstoffs verwendet wurde. Im Gegenzug mußte dann die eingespritzte Kraftstoffmenge reduziert werden, um die korrekte Energiemenge des Summenbrennverlaufs zu erzielen. Wie in den Abbildungen 5.43, 5.44 und 5.45 zu sehen ist, hat diese Änderung keinen Einfluss auf die simulierten Brennverläufe, jedoch auf die Menge des produzierten NO_X, wie Abbildung 5.46 zeigt.

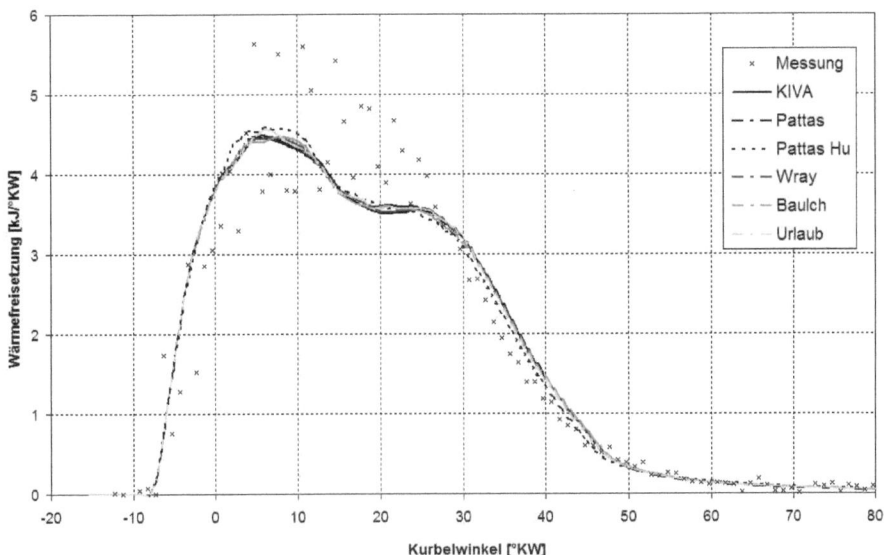

Abbildung 5.45: Brennverläufe der Simulationen mit unterschiedlichen Geschwindigkeitskonstanten des erweiterten Zeldovich-Mechanismuses für frühe Einspritzung, 9° v. OT

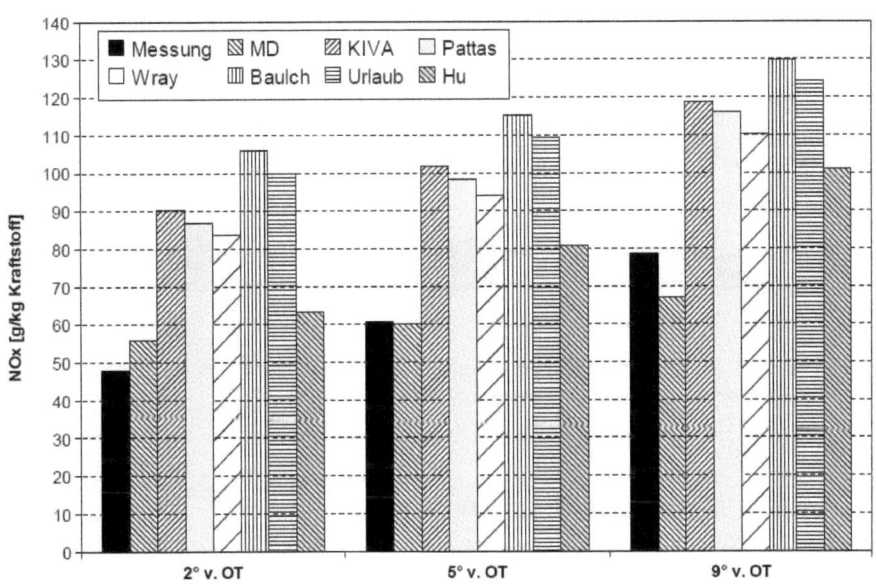

Abbildung 5.46: NO_X Emissionen bei Simulationsende, im Vergleich zu den Messungen, für variierende Einspritzzeitpunkte

Anpassung der Modellparameter des 2-Schritt Ruß-Modells

Für die Einstellung der Parameter des Ruß-Modells wurden dieselben Einspritzzeitpunktvariationen verwendet wie für die Validierung der NO_X- Simulation. Ziel der Untersuchung war auch hier, die Qualität der Ruß-Simulation zu verbessern. Einzustellende Parameter waren die Rußpartikelgröße und die Rußdichte sowie die Änderung des Pre-Exponentialfaktors in der Arrheniusgleichung für die Rußbildung. Der Pre-Exponentialfaktor hat in der Simulation den größten Einfluss auf den Anteil des produzierten Rußes. Für die Rußdichte und die Rußpartikelgröße wurden Werte verwendet wie sie auch in der Literatur zu finden sind [28].

Die Ergebnisse der Ruß-Simulationen vor und nach der Parameteranpassung im Vergleich zur Messung sind in Abbildung 5.47 dargestellt. Für frühe Einspritzung ist der Vergleich von Rechnung und Messung mit den angepassten Parametern sehr gut. Allerdings kann der Trend der gemessenen Rußemissionen in Abhängigkeit des Einspritzzeitpunktes, sowohl vor als auch nach der Parameteranpassung nicht wiedergegeben werden. Auch mit weiterführenden Parametervariationen konnte keine Verbesserung erzielt werden.

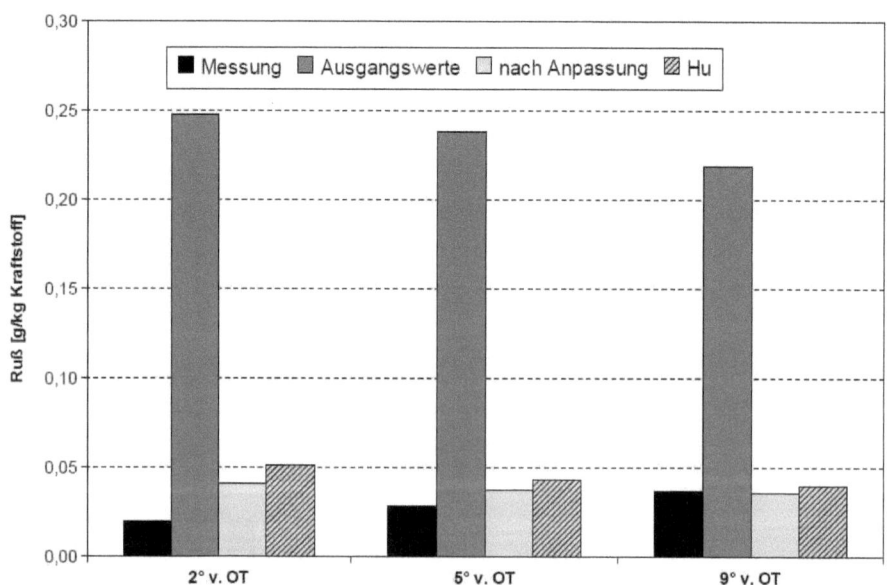

Abbildung 5.47: Rußemissionen für variierende Einspritzzeitpunkte bei Simulationsende vor und nach Parameteranpassung im Vergleich zu den Messungen

Simulation ausgewählter Motorvarianten

Zum Nachweis der Gültigkeit der durchgeführten Modelländerungen und Parameteranpassungen wurden verschiedene Motorbetriebsvariationen mit den zuvor getroffenen Einstellungen durchgeführt. Folgende Variationen des 1L32/40-CD bzw. 1L32/44 Testmotors der MAN Diesel SE wurden untersucht:

- Last
- Einspritzdruck
- Injektor
- Mulde

Die Simulationen wurden, je nach Messung, mit dem neuen Kraftstoffmodell für MGO, MDF oder HFO durchgeführt und das Kraftstoffmodell an den verwendeten Kraftstoff hinsichtlich Dichte, Viskosität und Heizwert angepasst. Es wurde das modifizierte k-ϵ-Turbulenzmodell verwendet.

Bei der Simulation von Lastvariationen für 100, 75, 50, 25 und 10% Last, wurden Messungen des 1L32/40-CD mit konventioneller Einspritzung und MGO simuliert. Die Modellauswahl und die Parametereinstellungen für die CFD-Verbrennungssimulation wurde entsprechend den zuvor gemachten Angaben gesetzt. Die einzelnen Simulationsergebnisse für Druck-, Brenn- und Summenbrennverlauf sind in Anlage A, in den Abbildungen A.1 bis A.15 angegeben. Die Abbildungen 5.48 und 5.49 zeigen den Rechnungs-Messungs-Vergleich für die NO_X- bzw. Ruß-Emissionen der untersuchten Lasten.

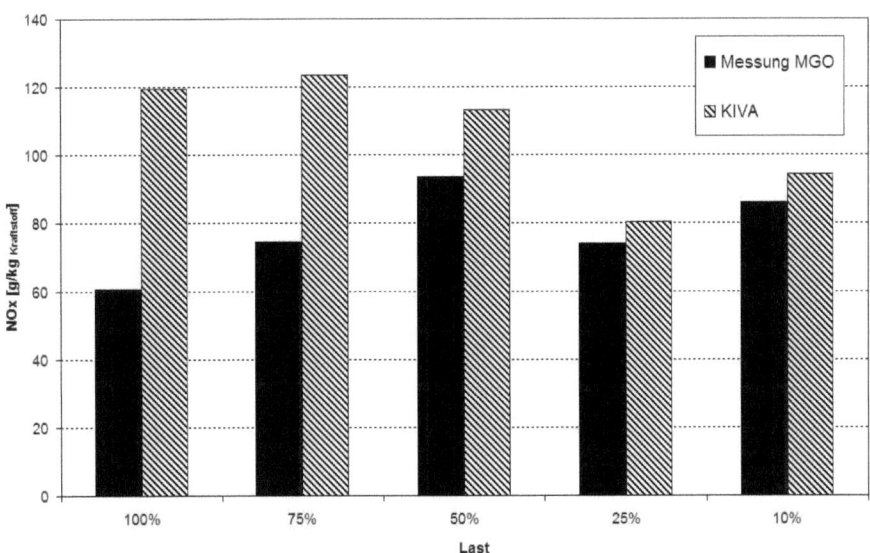

Abbildung 5.48: NO_X-Emissionen bei Simulationsende im Vergleich zu den Messungen für variierende Last mit MGO

Man erkennt deutlich, dass weder für die NO_X- noch für die Rußemissionswerte gute Ergebnisse erzielt werden konnten. Weder die Qualität noch die Quantität der Emissionen im Vergleich zu den Messergebnissen ist zufriedenstellend. Bei den Rußwerten ist dies kaum verwunderlich, da der aus den Simulation resultierende, elementare Kohlenstoff nicht direkt mit der Rußmessung verglichen werden kann, worauf in Kapitel 4.5 bereits eingegangen wurde.
Bei den NO_X-Emissionen müsste jedoch bei vergleichbar guter Verbrennungssimulation aufgrund des thermischen NO_X zumindest der richtige Trend berechnet werden können. Betrachtet man sich die Summenbrennverläufe in Anlage 1 für die entsprechenden Lastpunkte, so erkennt man, dass mit abnehmender Last die Umsetzung des Kraftstoffs in der Simulation unvollständig wird und dadurch die eingebrachte Energie pro Zelle geringer ist. Eine Ausnahme bildet die

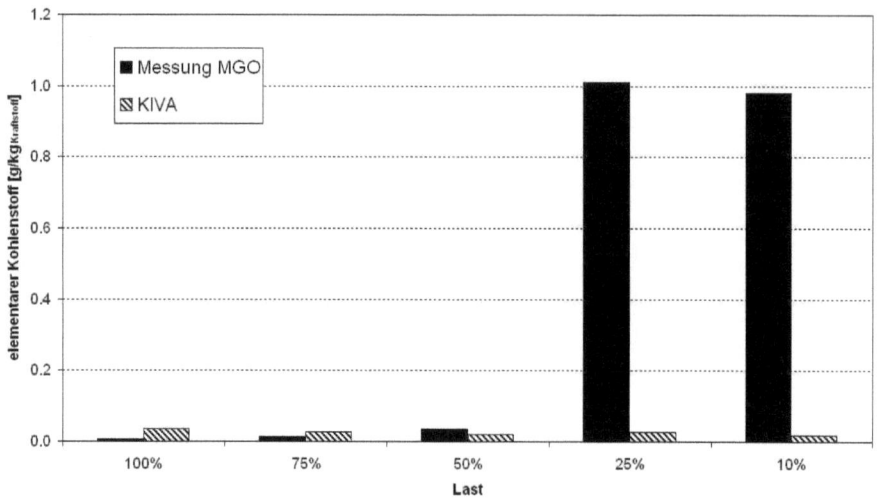

Abbildung 5.49: Rußemissionen bei Simulationsende im Vergleich zu den Messungen für variierende Last mit MGO

Simulation für 10% Last. Aufgrund der geringen Menge eingespritzen Kraftstoffs kann dieser gut durchmischt werden und schnell verbrennen. Durch die sich verschlechternde Kraftstoffumsetzung bei Reduzierung der Last in der Simulation werden für den richtigen NO_X-Trend die notwendigen Temperaturen nicht erreicht und es wird weniger NO_X produziert als bei vollständiger Verbrennung erzeugt werden würde. Prinzipiell ist das Problem der unvollständigen Verbrennung identisch mit dem Problem bei Volllastsimulation unter Verwendung des RNG-k-ϵ-Turbulenzmodells, wie es in Abbildung 5.38 gezeigt wurde.

Für die Injektorvariationen wurden Messungen des 1L32/44 mit CR-Einspritzung und 1300 bar Einspritzdruck mit HFO verwendet. Untersucht wurden die Injektoren 13x0.39-82°, 12x0.43-78°, 13x0.41-78° und 13x0.41-80°. Die Bezeichnung der Injektoren gibt die Anzahl der Düsenlöcher, den Düsendurchmesser in Millimeter sowie den halben Einspritzwinkel, gemessen von der Zylinderachse, an.
Die einzelnen Simulationsergebnisse sind in Anlage A, in den Abbildungen A.16 bis A.27, angegeben. Bei der Betrachtung der Druck- und Brennverläufe, sind die Übereinstimmungen zwischen Simulation und Messung gut. Im Allgemeinen ist der Brennverlauf zu Beginn etwas zu schnell. Die Kraftstoffumsetzung ist bei allen Simulationen vollständig. Die Abbildung 5.50 zeigt den Rechnungs-Messungs-Vergleich für die NO_X-Emissionen der untersuchten Injektoren. Im Gegensatz zur Lastvariation kann der Trend der NO_X-Emissionen sehr gut wiedergegeben werden. Quantitativ sind die Simulationsergebnisse um ca. 40% höher als die Messung. Auf einen Vergleich der Rußemissionen wurde verzichtet, da die Messungen mit Schweröl durchgeführt wurden und ein Vergleich mit Simulationsergebnissen somit unbrauchbar ist.

Bei den Simulationen der Einspritzdruckvariation für 1500, 1400 und 1300 bar, wurden wieder Messungen des 1L32/44 mit CR Einspritzung und HFO nachgerechnet. Die einzelnen Simulationsergebnisse sind in Anlage A, in den Abbildungen A.28 bis A.34 angegeben. Die Druck- und Brennverläufe zeigen wiederum eine gute Übereinstimmung zur Messung abgesehen von einer

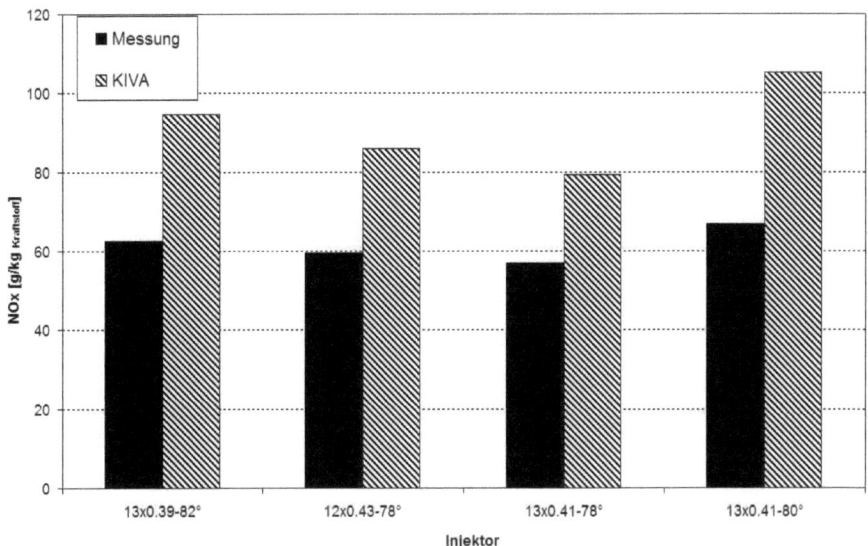

Abbildung 5.50: NO_X-Emissionen bei Simulationsende im Vergleich zu den Messungen für Injektorvariationen

etwas zu schnellen Verbrennung am Anfang. Abbildung 5.51 zeigt den Rechnungs-Messungs-Vergleich der NO_X-Emissionen für die untersuchten Einspritzdrücke. Wie die Ergebnisse zeigen, kann für variierende Einspritzdrücke der Trend der NO_X-Messung sehr gut wiedergegeben werden. Wie bei der Injektorvariation, liegen die Ergebnisse ca. 40% über den Messwerten.

Für die Untersuchung der Muldenvariationen wurden Messungen für drei verschiedene Mulden simuliert. Durchgeführt wurden die Messungen am 1L32/40-CD Testmotor mit CR-Einspritzung. Als Kraftstoff wurde HFO eingesetzt. Das Verdichtungsverhältnis war bei allen Muldenvarianten gleich. Abbildung 5.52 zeigt die drei verwendeten Berechnungsgitter in OT für die genannten Mulden A, B und C.
Es wurde für jede Mulde nur eine Messung mit jeweils identischem Einspritzzeitpunkt durchgeführt. Die Mulden und die einzelnen Simulationsergebnisse sind in Anlage A, in den Abbildungen A.37 bis A.48, angegeben. Die Simulationsergebnisse sind im Vergleich zur Messung in guter Übereinstimmung. Die Abbildung 5.53 zeigt den Rechnungs-Messungs-Vergleich für die NO_X-Emissionen der untersuchten Mulden. Auch bei der Muldenvariation kann der Trend der NO_X-Emissionen sehr gut wiedergegeben werden. Die quantitativen Abweichungen liegen bei ungefähr 40% über den Messwerten.

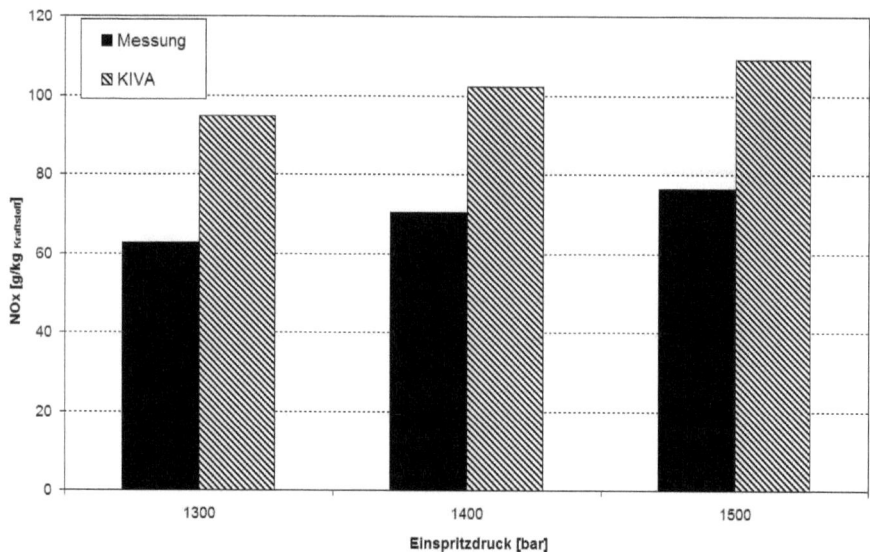

Abbildung 5.51: NO$_X$-Emissionen bei Simulationsende im Vergleich zu den Messungen, für Einspritzdruckvariationen

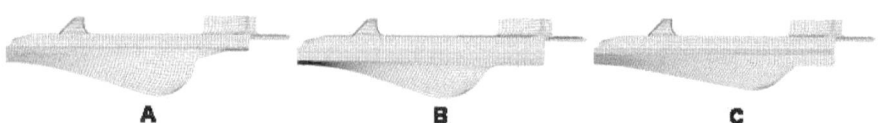

Abbildung 5.52: CFD-Berechnungsgitter für die Verbrennungssimulation für drei verschiedene Muldengeometrien

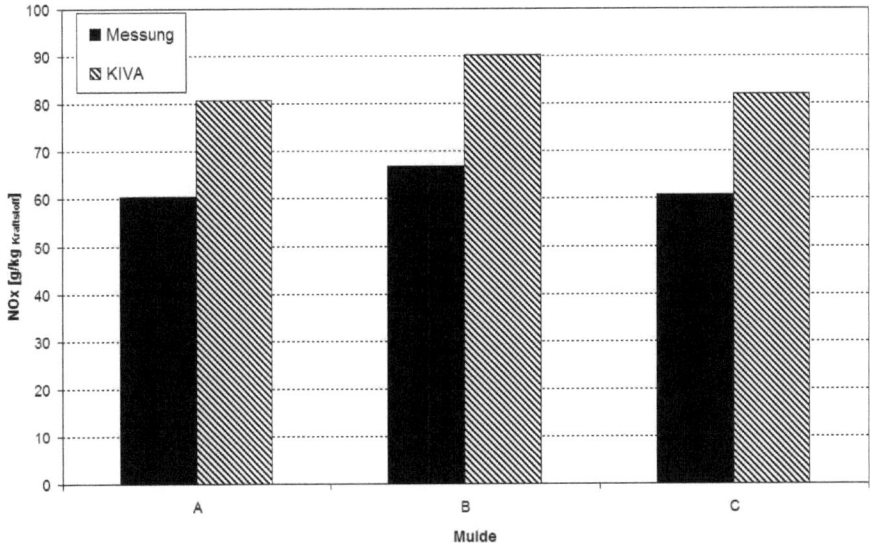

Abbildung 5.53: NO$_X$-Emissionen bei Simulationsende im Vergleich zu den Messungen für drei verschiedene Muldengeometrien

Kapitel 6

Schlussfolgerung und Ausblick

Die Modellierung der dieselmotorischen Verbrennung ist aufgrund der vielen zu beachtenden Prozesse sehr schwierig. Vom Tropfenaufbruch bis zu den Verbrennungs- und Emissionsmodellen tragen alle einen wichtigen Teil zur Qualität der Verbrennungssimulation bei und werden ständig weiterentwickelt und validiert. Da dies fast ausschließlich für schnelllaufende Dieselmotoren erfolgt, können die Simulationsmodelle meist nicht ohne Modifikation auf andere Dieselmotortypen, wie zum Beispiel schwerölbetriebene, mittelschnelllaufende Großdieselmotoren, angewendet werden.

Der wohl auffälligste Unterschied beim Verbrennungsprozess zwischen schnelllaufenden Dieselmotoren und schwerölbetriebenen Großdieselmotoren ist sicherlich der Kraftstoff, der einen großen Einfluss auf alle Bereiche der Dieselverbrennung hat.
Die sehr unterschiedlichen Kraftstoffeigenschaften mariner Kraftstoffe, insbesondere von Schweröl, machen es praktisch unmöglich, einen repräsentativen Ersatzkraftstoff zu entwickeln. Insbesondere die für die Strahlausbreitung und den Tropfenaufbruch wichtigen Kraftstoffeigenschaften wie Dichte und Viskosität sind für die Simulation von entscheidender Bedeutung. Die Oberflächenspannung, der in der Realität eine große Bedeutung für die Strahlausbreitung zugeschrieben wird, hat jedoch auf das Simulationsergebnis kaum eine Auswirkung, was in dieser Arbeit nachgewiesen werden konnte. Hier sind die Aufbruchmodelle für Primär- als auch Sekundäraufbruch sowie Tropfenkollision noch nicht sensibel genug.

Bei der Simulation der Verbrennung wurde die Sensibilität des Kraftstoffmodells hinsichtlich der prozentualen Massenanteile von Kohlenstoff und Wasserstoff aufgezeigt und die Notwendigkeit von detaillierten Kraftstoffeigenschaften nachgewiesem. Mit den neuen Ersatzkraftstoffen für MGO, MDF und HFO konnten für zahlreiche Motorvariationen gute Übereinstimmungen mit den Messergebnissen erzielt werden. Jedoch traten insbesondere bei der Teillastsimulation Probleme mit der Gemischbildung auf, die auf das verwendete Turbulenzmodell zurückzuführen sind. Aufgrund unzureichender Validierungsdaten konnte diesem Problem nicht weiter nachgegangen werden. Zur Validierung und Beurteilung der Gemischbildung und Verbrennung können einzig optische Untersuchungen an realen Großdieselmotoren die notwendigen Informationen liefern. Solche Untersuchungen sind jedoch nur mit sehr großem Aufwand durchzuführen.

Bezüglich der Emissionsbildung von thermischem NO_X und Ruß konnten mit den neuen Ersatzkraftstoffen und dem erweiterten Kraftstoffmodell keine Vorteile erzielt werden. Der simulierte NO_X-Ausstoß überschritt den gemessenen Wert durchschnittlich um ca. 40%, wobei der allgemeine Trend der Messungen in der Simulation gut wiedergegeben werden konnte. Die Weiterentwicklung der thermischen NO_X-Modellierung muss sich hier auf die Verbesserung der quantitativen Ergebnisse konzentrieren. Für eine detailliertere Modellierung der NO_X-Simulation wäre die Einbeziehung der sonstigen NO_X-Bildungsprozesse wie zum Beispiel Kraftstoff-NO_X oder Prompt-NO_X denkbar.

Vor allem bei Ruß sind noch große Unsicherheiten beim Verständnis der Vorgänge im Brennraum und der Modellbildung zu erkennen. Schon die Rußmessung während des Motorbetriebs mit Schweröl ist sehr unsicher und erzielt mit Standardmessverfahren keine verwertbaren Ergebnisse, wodurch der Vergleich der Simulationsergebnisse mit den Messungen wertlos wird. Die Weiterentwicklung der Modelle muss sich hier zunächst auf die Verwendung von MGO bzw. Diesel konzentrieren, bevor auf die Rußsimulation mit Schweröl übergegangen werden kann.

Schwerölspezifische Emissionsmodelle, insbesondere für SO_X, sind für kommerzielle CFD-Simulationsprogramme nach heutigem Kenntnisstand nicht verfügbar. Für die Entwicklung solch eines Modells muss zunächst das Kraftstoffmodell um die Komponente Schwefel erweitert werden und eine zusätzliche Transportgleichung in den Code implementiert werden. Für einen ersten Schritt sollten einfache Arrheniusgleichungen für die einzelnen Teilschritte bei der Oxidation von Schwefel zu SO_X genügen. Auf die Implementierung eines solchen Modells wurde in dieser Arbeit verzichtet, da der Anteil des Schwefels im Kraftstoff vollständig zu SO_X oxidiert und so der Emissionsausstoß alleine von der Kraftstoffzusammensetzung abhängig ist. Für weiterführende Modelle, wie zum Beispiel zur Berechnung von lokalen Gefährdungsstellen durch Nasskorrosion, wäre die Implementierung eines SO_X Modells dennoch notwendig.

Abschließend kann gesagt werden, dass die Vorausberechnung von Motorbetriebsvarianten mit den zur Verfügung stehenden Modellen nur für einige wenige Simulationen belastbare Ergebnisse liefert. Schon bereits für einfache Lastvariationen sinkt die Qualität der Ergebnnisse stark, da die Turbulenzmodellierung noch keine allgemeingültigen Modelle zur Verfügung stellen kann. Hier ist auch in Zukunft noch viel Forschungsaufwand zu betreiben, um das Verständnis der Turbulenz und der Strömungsvorgänge im Brennraum besser zu verstehen und modellieren zu können.

Die vorgestellten Ergebnisse dieser Arbeit haben gezeigt, dass bei der Verbrennungssimulation von schwerölbetriebenen Großdieselmotoren die Kraftstoffeigenschaften einen nicht zu vernachlässigenden Beitrag zur Verbesserung der Qualität der Simulationsergebnisse liefern. Bei der Weiterentwicklung von Simulationsmodellen müssen demnach die Kraftstoffe stärker in den Entwicklungsprozess eingebunden werden, um allgemeingültige Modelle für Tropfenaufbruch, Verdampfung, Verbrennung und Emissionsbildung entwickeln zu können.

Literaturverzeichnis

[1] Bahlke, C. - Umsetzung der Agenda 21 in europäischen Seehäfen am Beispiel Lübeck-Travemünde; Umweltforschungsplan des Bundesministers für Umwelt, Naturschutz und Reaktorsicherheit, Forschungsbericht, Endbericht, UBA FuE-Vorhaben: FKZ 201 96 105, Dezember 2004

[2] Stiesch G., et al - Modeling Engine Spray and Combustion Processes; Springer-Verlag Berlin, 2003

[3] Merker, G.P. et al - Technische Verbrennung - Simulation verbrennungsmotorischer Prozesse; B.G. Teubner Stuttgart, 2001

[4] Oertel, H. - Strömungsmechanik; Vieweg Verlag Braunscheig, 1999

[5] Warmatz, J. - Verbrennung, Physikalisch-Chemische Grundlagen, Modellierung und Simulation, Experimente, Schadstoffentstehung; Springer Verlag, 1997

[6] Joos, F. - Technische Verbrennung - Verbrennungstechnik, Verbrennungsmodellierung, Emissionen; Springer-Verlag Berlin, 2006

[7] Merker, G.P. et al - Verbrennungsmotoren, Simulation der Verbrennung und Schadstoffbildung; B.G. Teubner Verlag, 2004

[8] Janicka, J. et al - Prediction of Turbulent Jet Diffusion Flame Lift-Off using a PDF Transport Equation; Symposium on Combustion/ The Combustion Institute, S. 367-374, 1982

[9] Rodi, W. - Turbulence Models and Their Application in Hydraulics; Porg. Energy Combust., Band 9, S. 1-76, 1983

[10] Pope, S.B. - An Explanation of the Turbulent Round-Jet/Plane-Jet Anomaly; AIAA J., Band 16, S. 279-281, 1998

[11] Dally, B.B. - Flow and Mixing Fields of Turbulent Bluff-Body Jets and Flames; Combust. Theory Modelling, Band 2, S. 193-219, 1998

[12] Han, Z. et al - Turbulence Modeling of Internal Combustion Engines Using RNG-k-ϵ-Models; Combust. Sci. and Tech., Band 106, S. 267-295, 1995

[13] Mollenhauer, K. - Handbuch Dieselmotoren; VDI-Springer Verlag, 1997

[14] Habert, M. - Beitrag zur Kraftstoffaufbereitung für Schiffsdieselmotoren im Schwerölbetrieb; Shaker Verlag, Aachen, 2005

[15] Pagel, S. - Verdampfungs- und Selbstzündungsmodelle für Mehrkomponenten-Gemische; Fortschritt-Berichte VDI, Reihe 12, Nr. 565, VDI-Verlag, 2004

[16] Lippert, A.M. et al - Modeling of Multicomponent Fuels Using Continuous Distributions with Application to Droplet Evaporation and Sprays; SAE-Paper 972882, 1997

[17] Takasaki, K. et al - Verbrennungseigenschaften von Dumbbell-Schweröl; MTZ Motortechnische Zeitschrift, 3. Ausgabe 2000

[18] Takasaki, K. et al - Visuelle Untersuchung der Verbrennungseigenschaften von Schweröl in Dieselmotoren; MTZ Motortechnische Zeitschrift, 1. Ausgabe 1999

[19] Goldsworthy, I. et al - Computational fluid dynamics modelling of resiudal fuel oil combustion in the context of marine diesel engines; International Journal of Engine Research, Vol. 7, 2006

[20] Baumgarten, C. - Modellierung des Kavitationseinflusses auf den primären Strahlzerfall bei der Hochdruck-Dieseleinspritzung; Fortschritt-Berichte VDI, Reihe 12, Nr. 543, VDI-Verlag, 2003

[21] Reitz, R.D. et al - Structure of High-Pressure Fuel Sprays; SAE 870598, 1987

[22] Kuensberg, C. et al - Modeling the Effects of Injector Nozzle Geometry on Diesel Sprays; SAE-Paper 1999-01-0912, 1999

[23] von Berg, E. et al - Validation of a CFD-Model for Coupled Simulation of Nozzle Flow, Primary Fuel Jet Break-Up and Spray Formation; Technical Conference of the ASME Internal Combustion Engine Division, Spring 2003

[24] Patterson M., et al - Modeling the Effects of Fuel Spray Characteristics on Diesel Engine Combustion and Emission; SAE-Paper 980131, 1998

[25] Reitz, R.D. et al - Effect of Drop Breakup on Fuel Sprays; SAE-Paper 860469, 1986

[26] O'Rourke, P.J. et al - The TAB Method for Numerical Calculation of Spray Droplet Breakup; SAE-Paper 872089, 1987

[27] Reitz, R.D. et al - Modeling Atomization Processes in High-Pressure Vaporizing Sprays; Atomization and Spray Technology, Vol. 3, pp. 309-337, 1987

[28] Basshuysen, R. - Motorlexikon.de/Rußpartikel; Internet: http://motorlexikon.de/?I=5752&R=R, 2008

[29] O'Rourke, P.J. et al - The TAB Method for Numerical Calculation of Spray Droplet Breakup; SAE-Paper 872089, 1987

[30] Naber, J.D. et al - Modeling Engine Spray/ Wall Impingment; SAE-Paper 880107, 1988

[31] Mundo, C. et al - Experimental Studies of the Deposition and Splashing of Small Liquid Droplets Impinging on a Flat Surface; ICLASS-94 Rouen, 1994

[32] Bai, C. et al - Development of Methodology for Spray Impingement Simulation; SAE-Paper 950283, 1995

[33] AVL - Fire Manual Version 8, Spray; Mai 2004

[34] O'Rourke, P.J. et al - A Spray/ Wall Interaction Submodel for the KIVA-3 Wall Film Model; SAE-Paper 2000-01-0271, 2000

[35] Curtis E.W., et al - A New High Pressure Droplet Vaporization Model for Diesel Engine Modelling; SAE-Paper 952431, 1995

[36] Spalding D.B., et al - The Combustion of Liquids Fuels; 4th (International) Symposium on Combustion; The Combustion Institute Pittsburgh (Pennsilvenia), 1953

[37] Dukowicz, J.K. - Quasi-steady droplet change in the presence of convection; Informal Report Los Alamos Scientific Laboratory, LA7997-MS

[38] Abramzon, B. Sirignano, W. A. - Droplet Vaporization Model for Spray Combustion Calculations; AIAA 26th Aerospace Sciences Meeting, 1988

[39] Merker G.P., et al - Technische Verbrennung - Motorische Verbrennung; B.G. Teubner Stuttgart, 1999

[40] Kong S., et al - Multidimensional Modeling of Diesel Ignition and Combustion Using a Multistep Kinetics Model; Energy-Sources Conference & Exhibition, Houston (Texas), 1993

[41] Magnussen, B.F. et al - On mathematical modeling of turbulent combustion with special emphasis on soot formation and combustion; Sixteenth International Symposium on Combustion, Pittsburgh, The Combustion Institute, 1977

[42] Kong S., et al - The Development and Application of a Diesel Ignition and Combustion Model for Multidimensional Engine Simulation; SAE-Paper 950278, 1995

[43] Peters, N. - Laminar Flamelet Concepts in Turbulent Combustion; 21st Symposium (International) on Combustion, The Combustion Institute, 1986

[44] Wennerberg, D. - Entwicklung eines vorhersagefähigen Berechnungsmodells für stark verdrallte Strömungen mit Verbrennung; Dissertation Universität Erlangen, 1995

[45] Zeldovich, Y. B. et al. - Oxidation of Nitrogen in Combustion; Translation by M. Shelef, Academy of Sciences of USSR, Institute of Chemical Physics, Moscow-Leningrad, 1947

[46] Fenimore, C.P. - Formation of Nitric Oxide in Premixed Hydrocarbon Flames; 13th Symposium (International) on Combustion, The Combustion Institute, Pittsburgh, pp. 373-380, 1971

[47] Hiroyasu H., et al - Development and Use of a Spray Combustion Model to Predict Diesel Engine Efficiency and Pollutant Emissions, Part 1: Combustion Modelling; Bull JSME, Vol. 26, No. 214, pp. 569-575, 1983

[48] Nagle J., et al - Oxidation of Carbon between 1000-2000°C; Proc. 5th Conf. on Carbon, Vol. 1, pp. 154-164, Pergamon Press, London, 1962

[49] Fusco, A. et. al. - Application of a Phenomenological Soot Model to Diesel Engine Combustion; 3. Int. Symp. COMODIA 94, pp315-324, 1994

[50] Weisser, G. - Modelling of Combustion and Nitric Oxide Formation for Medium-Speed DI Diesel Engines: A Comparative Evaluation of Zero- and Three-Dimensional Approaches; Dissertation ETH Zürich, 2001

[51] Amsden A. A., et al - KIVA-II: A Computer Program for Chemically Reactive Flows with Sprays; Los Alamos National Labratory, LA-11560-MS, 1989

[52] Amsden A. A., - KIVA-3: A Kiva Program with Block-Structured Mesh for Complex Geometries; Los Alamos National Labratory, LA-12503-MS, 1993

[53] Amsden A. A., - KIVA-3V: A Block-Structured KIVA Program for Engines with Vertical or Canted Valves; Los Alamos National Labratory, LA-13313-MS, 1997

[54] Yakhot, V. et al - Renormalization Group Analysis of Turbulence, I. Basic Theory; Journal of Scientific Computing, Band 1, Nr. 1, 1986

[55] Yakhot, V. et al - The Renormalization Group, the e-Expansion and Derivation of Turbulence Models; Journal of Scientific Computing, Band 7, Nr. 1, 1992

[56] Han Z., et al - Turbulence Modeling if Internal Combustion Engines Using RNG- k- ϵ-Models; Combustion Science and Technique, Vol.106. pp. 267-295, 1995

[57] Abraham, J. et al - Computations of Transient Jets: RNG k-e Model Versus Standard k-e Model; SAE-Paper 970885, 1997

[58] Vargaftik, N.B. - Tables on the Thermophysical Properties of Liquids and Gases; John Wiley & Sons, Hemisphere Publishing Corporation, Washington D.C., 1975

[59] American Petroleum Institute (API) - Technical Data Book - Petroleum Refining, 12th Revision; American Petroleum Institute, Washington D.C., 1997

[60] Prausnitz, J.M. et al - The properties of gases and liquids; McGraw-Hill chemical engineering series , New York, 1977

[61] Landolt-Börnstein et al - Physikalisch-chemische Tabellen; Springer Verlag, Berlin, 1936

[62] Han Z., et al - Mechanism of Soot and NOx Emission Reduction Using Multiple-Injection in a Diesel Engine; SAE-Paper 960633, 1996

[63] Pattas, K. et al - Stickoxidbildung bei der ottomotorischen Verbrennung; MTZ 34, 1973

[64] Heider, G. - Rechenmodell zur Vorausrechnung der NO-Emissionen von Dieselmotoren; Dissertation Technische Universiät München, 1996

[65] Baulch, D.L. et al - Evaluated Kinetic Data for High Temperature Reactions, Volume 2; Butterworth, 1973

[66] Baulch, D.L. et al - Compilaton of rate data for combustion modelling, Supplement I; J. Phys. Chem. Ref. Data 22, 847, 1991

[67] Mayer S., et al - Description of New Combustion Models; MAN B&W Diesel AG, Deliverable 2.2a HERCULES Task 2.2, 2005

[68] Zacharias, F. et al - Mollier-I,S-Diagramme für Verbrennungsgase in der Datenverarbeitung; MTZ 31 (1970) 7, 1970

[69] Taskinen, P. - Modeling of Spray Turbulence with the Modified RNG k-epsilon Model; Internet: http://www.erc.wisc.edu/modeling/multi_dimensional/ModelingMtng2004/15-kiva2.pdf, 2004

[70] Papageorgakis, G.C. et al - Comparison of Linear and Nnonlinear RNG-based k-e Models for Incompressible Turbulent Flows; Numerical Heat Transfer, Teil B, 35:1-22, 1999

[71] McGuirk, J.J. et al - The Calculation of Three-Dimensional Turbulent Free Jets; SFB 80, Universität Karlsruhe, 1980

[72] Morse, A.P. - Axisymmetric Turbulent Shear Flows with andwithout Swirl, Ph.D. thesis, London University, England, 1972

[73] Launder, B.E. - The Prediction of Free Shear Flows - A Comparison of Six Turbulence Models, NASA SP-311, 1972

[74] Riazi, M.R. - Characterization and Properties of Petroleum Fractions; American Society for Testing and Materials (ASTM), 2005

[75] MAN B&W Diesel AG - Technische Dokumentation Motor Betriebsanweisung; MAN B&W Diesel AG, 2002

[76] Groth, K. - Brennstoffe für Dieselmotoren heute und morgen, Rückstandsöle, Mischkomponenten, Alternativen; Expert Verlag, 1989

[77] DIN 51757 - Prüfung von Mineralölen und verwandten Stoffen; Bestimmung der Dichte; DIN 01.04.1994

[78] Große, L. - Arbeitmappe für Mineralölingenieure, Arbeitsausschuß Destillier- und Rektifiziertechnik; VDI-Verlag Düsseldorf, 1962

[79] FVV - Vorhaben Nr. 583 „Kraftstoffzerstäubung", Untersuchung der Zerstäubung von Schwerölen bei Variation der Einspritzbedingungen, Abschlußbericht; Heft 627, Frankfurt a.M., 1996

[80] Delebinski, T. - Optische Untersuchung zur Einspritzstrahlausbreitung; Projektabschlußbericht; ITV, Universität Hannover, Dezember 2004

[81] DIN EN ISO 8178 - Hubkolben-Verbrennungsmotor Abgasmessungen; Europäische Norm Teil 1 bis 6, 1996

Anhang A

Diagramme zu Motorvarianten

Lastvariation

100% Last

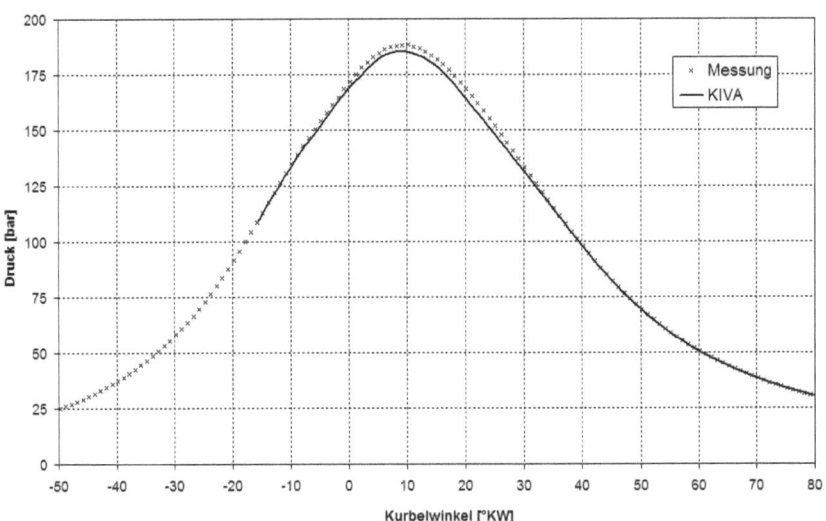

Abbildung A.1: Druckverläufe für Simulation und Messung für 100% Last mit MGO, konventionelles Einspritzsystem

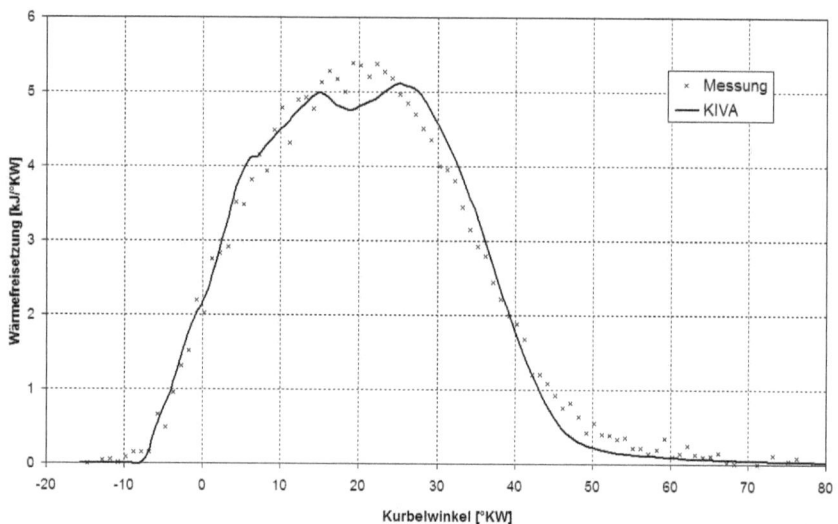

Abbildung A.2: Brennverläufe für Simulation und Messung für 100% Last mit MGO, konventionelles Einspritzsystem

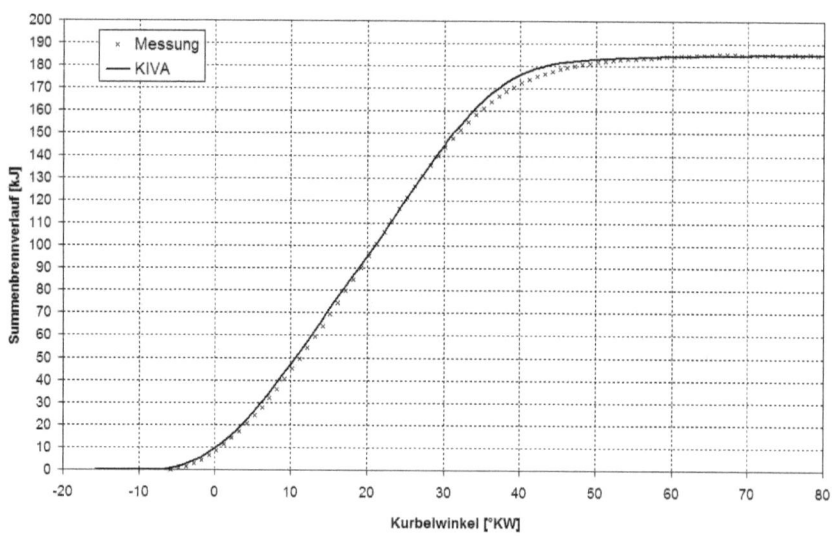

Abbildung A.3: Summenbrennverläufe für Simulation und Messung für 100% Last mit MGO, konventionelles Einspritzsystem

75% Last

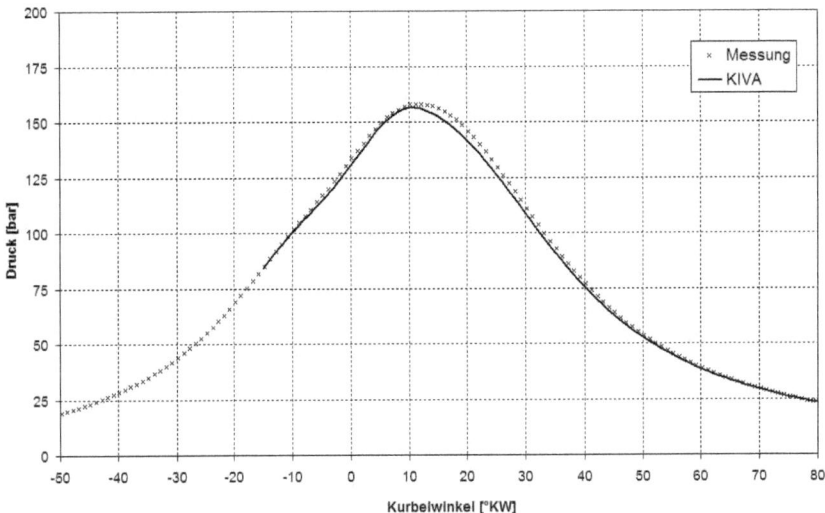

Abbildung A.4: Druckverläufe für Simulation und Messung für 75% Last mit MGO, konventionelles Einspritzsystem

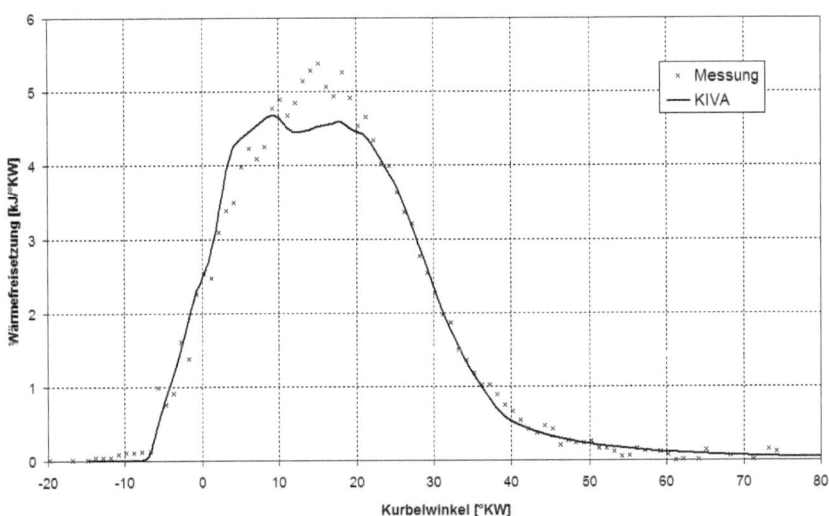

Abbildung A.5: Brennverläufe für Simulation und Messung für 75% Last mit MGO, konventionelles Einspritzsystem

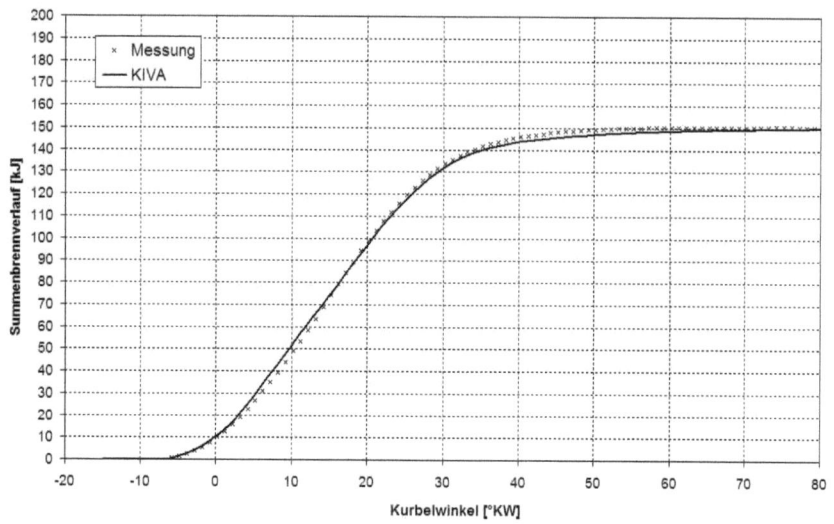

Abbildung A.6: Summenbrennverläufe für Simulation und Messung für 75% Last mit MGO, konventionelles Einspritzsystem

50% Last

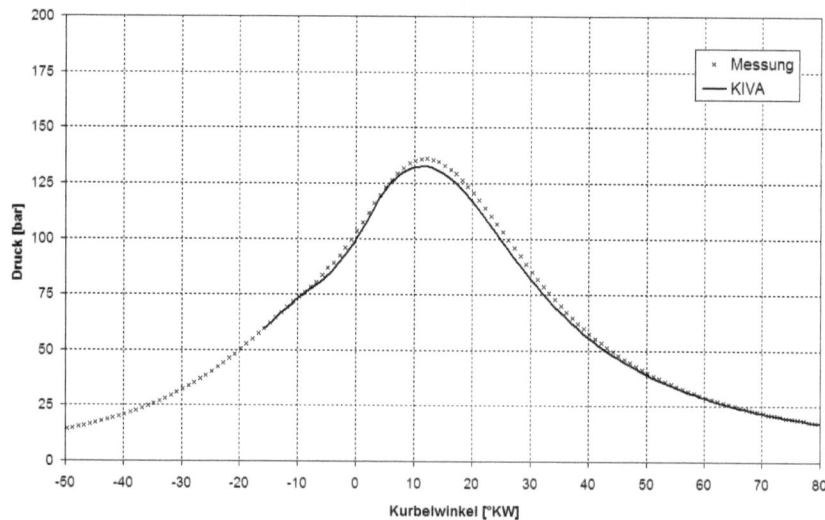

Abbildung A.7: Druckverläufe für Simulation und Messung für 50% Last mit MGO, konventionelles Einspritzsystem

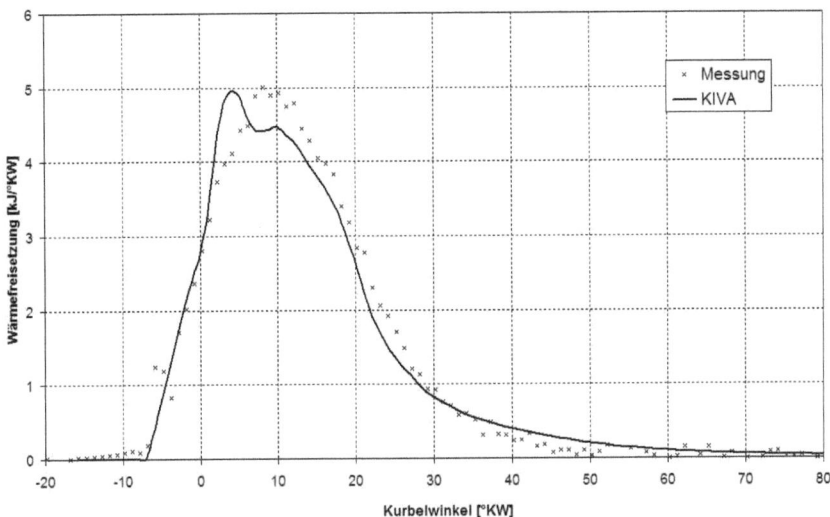

Abbildung A.8: Brennverläufe für Simulation und Messung für 50% Last mit MGO, konventionelles Einspritzsystem

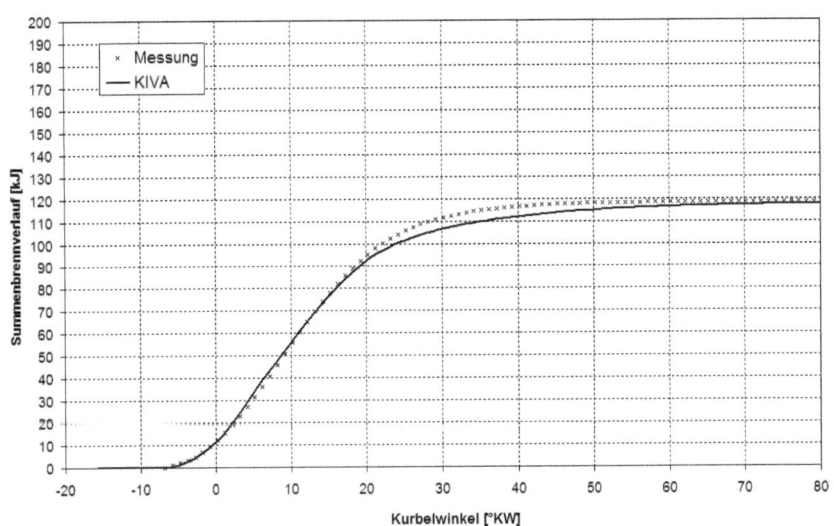

Abbildung A.9: Summenbrennverläufe für Simulation und Messung für 50% Last mit MGO, konventionelles Einspritzsystem

25% Last

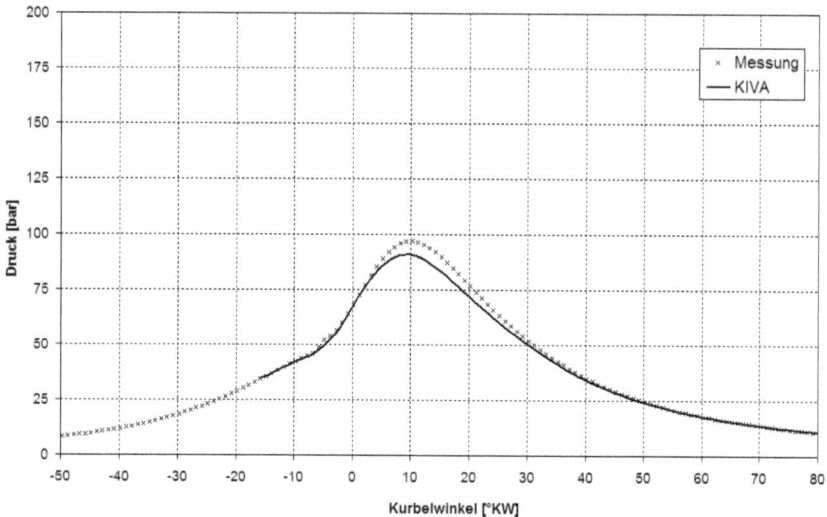

Abbildung A.10: Druckverläufe für Simulation und Messung für 25% Last mit MGO, konventionelles Einspritzsystem

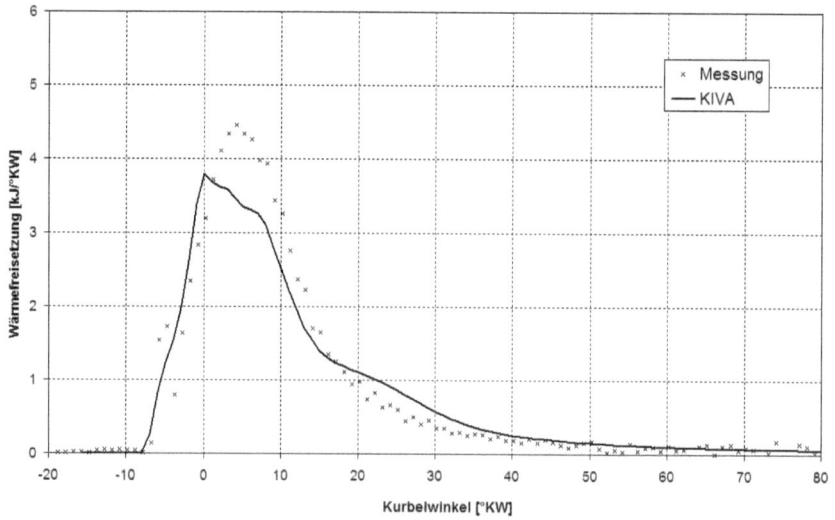

Abbildung A.11: Brennverläufe für Simulation und Messung für 25% Last mit MGO, konventionelles Einspritzsystem

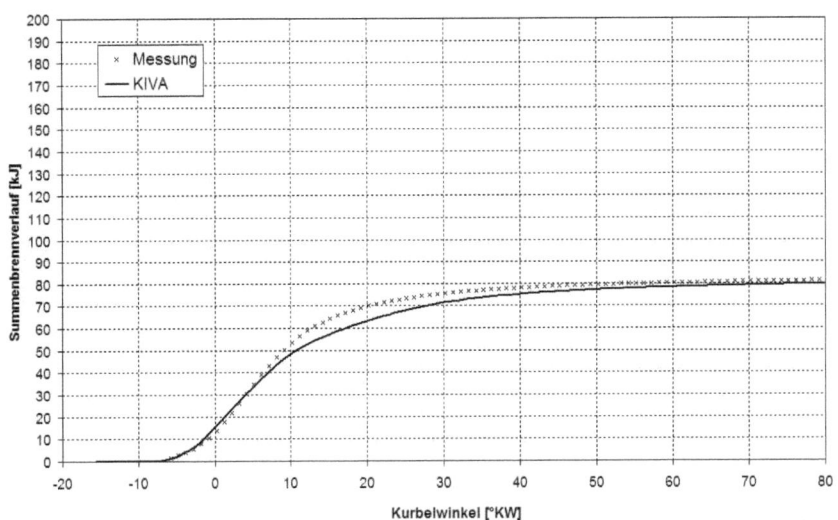

Abbildung A.12: Summenbrennverläufe für Simulation und Messung für 25% Last mit MGO, konventionelles Einspritzsystem

10% Last

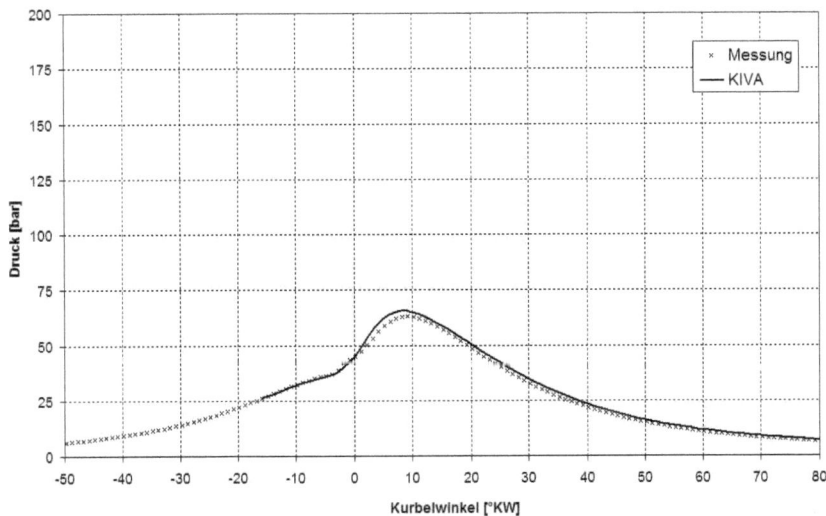

Abbildung A.13: Druckverläufe für Simulation und Messung für 10% Last mit MGO, konventionelles Einspritzsystem

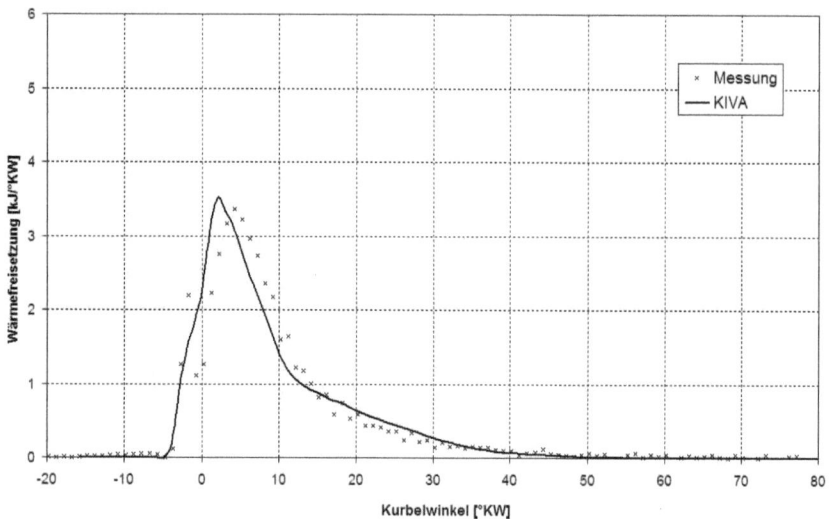

Abbildung A.14: Brennverläufe für Simulation und Messung für 10% Last mit MGO, konventionelles Einspritzsystem

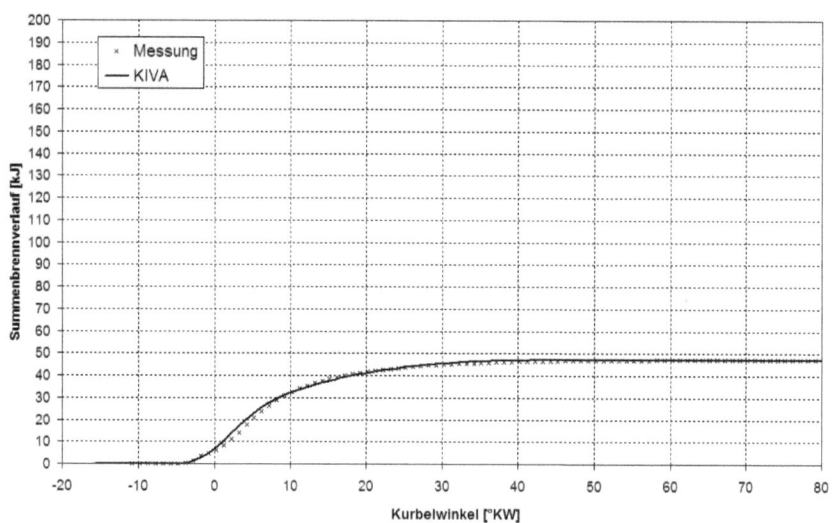

Abbildung A.15: Summenbrennverläufe für Simulation und Messung für 10% Last mit MGO, konventionelles Einspritzsystem

Injektorvariation

13x0.39-82°

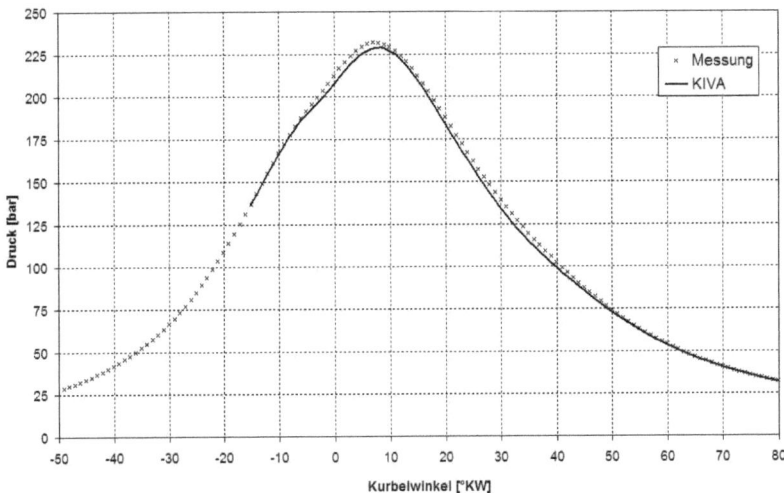

Abbildung A.16: Druckverläufe für Simulation und Messung für Injektor 13x0.39-82° mit 100% Last, HFO, CR-Einspritzsystem

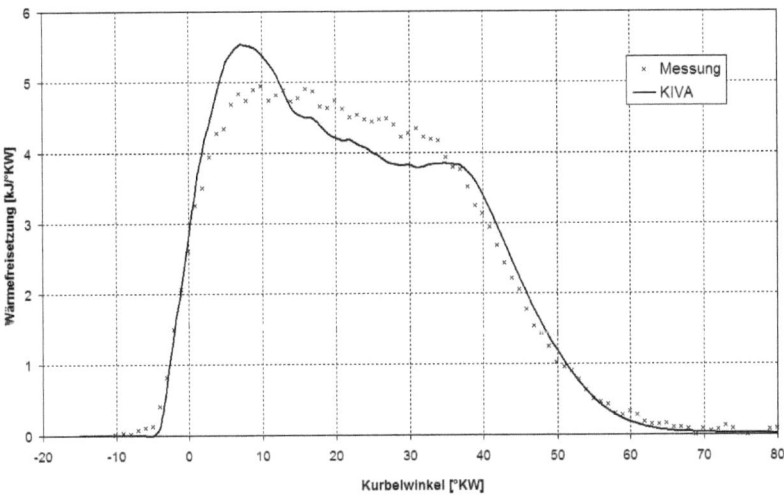

Abbildung A.17: Brennverläufe für Simulation und Messung für Injektor 13x0.39-82° mit 100% Last, HFO, CR-Einspritzsystem

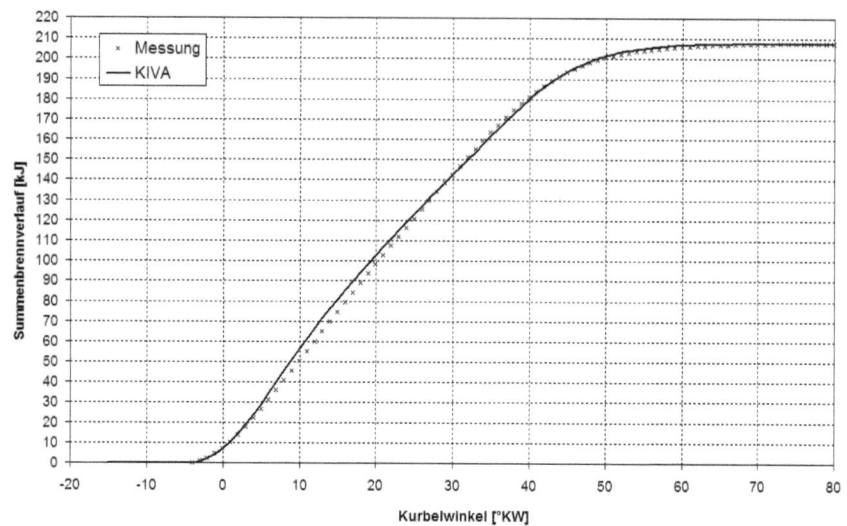

Abbildung A.18: Summenbrennverläufe für Simulation und Messung für Injektor 13x0.39-82° mit 100% Last, HFO, CR-Einspritzsystem

12x0.43-78°

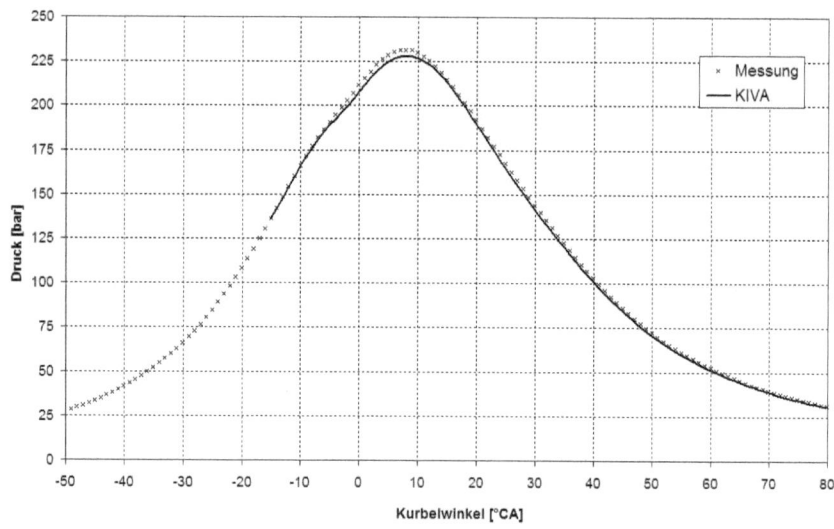

Abbildung A.19: Druckverläufe für Simulation und Messung für Injektor 12x0.43-78° mit 100% Last, HFO, CR-Einspritzsystem

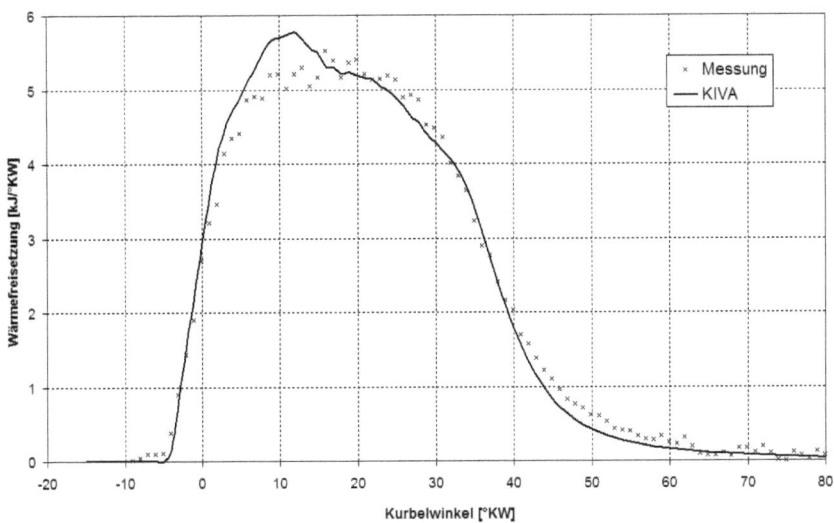

Abbildung A.20: Brennverläufe für Simulation und Messung für Injektor 12x0.43-78° mit 100% Last, HFO, CR-Einspritzsystem

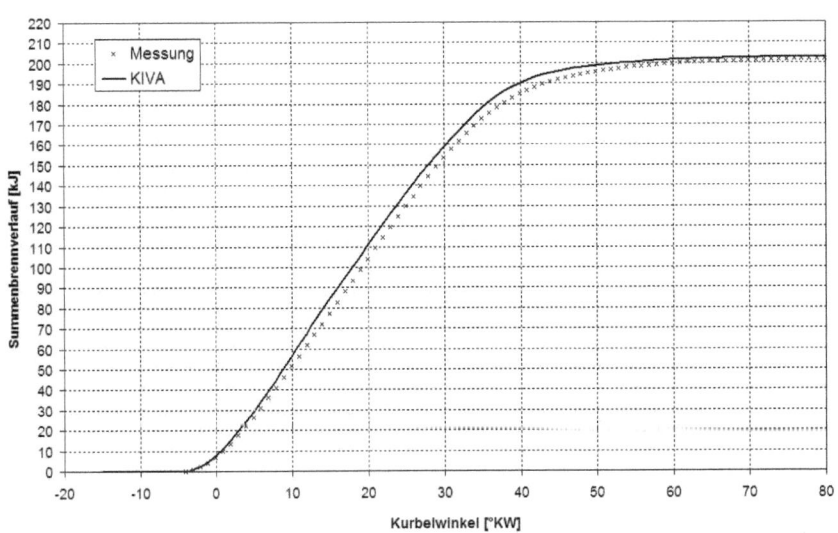

Abbildung A.21: Summenbrennverläufe für Simulation und Messung für Injektor 12x0.43-78° mit 100% Last, HFO, CR-Einspritzsystem

13x0.41-78°

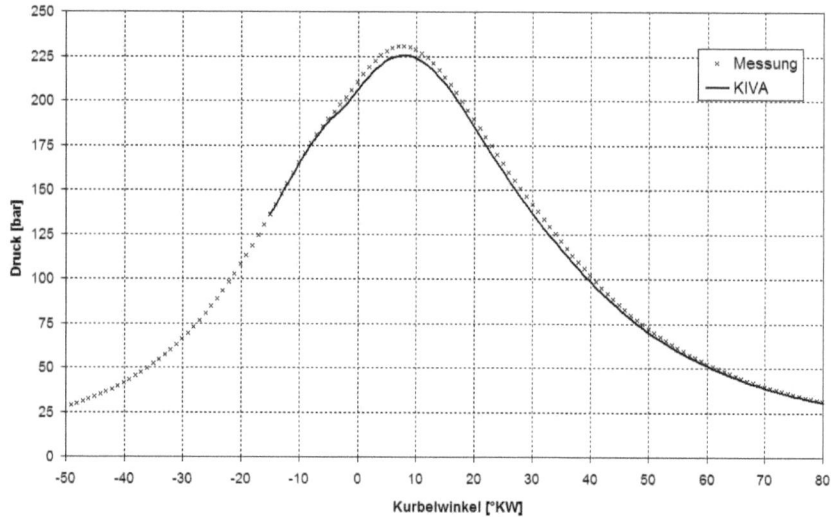

Abbildung A.22: Druckverläufe für Simulation und Messung für Injektor 13x0.41-78° mit 100% Last, HFO, CR-Einspritzsystem

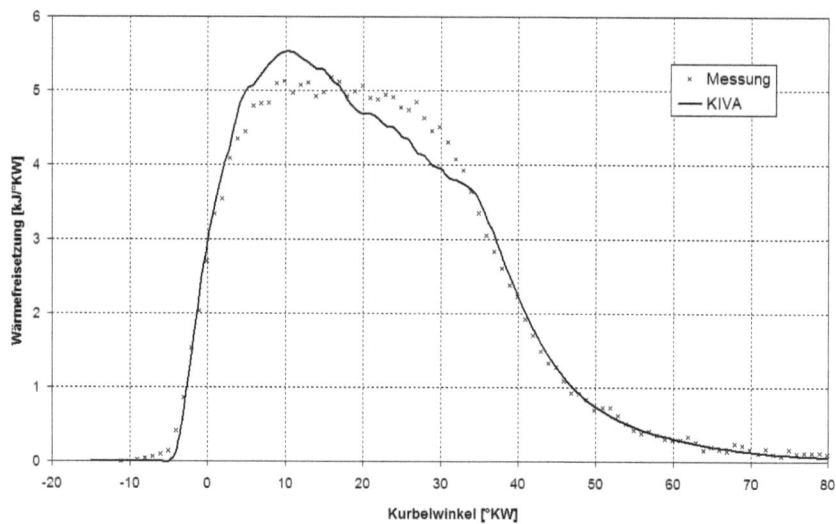

Abbildung A.23: Brennverläufe für Simulation und Messung für Injektor 13x0.41-78° mit 100% Last, HFO, CR-Einspritzsystem

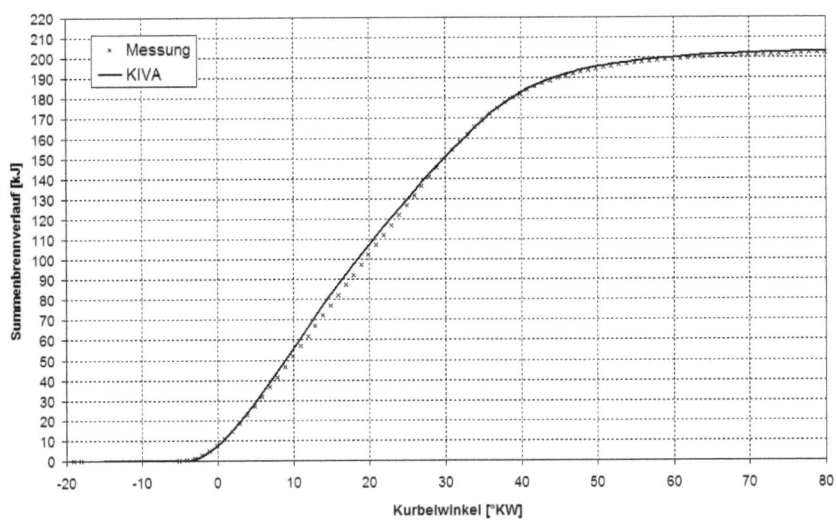

Abbildung A.24: Summenbrennverläufe für Simulation und Messung für Injektor 13x0.41-78° mit 100% Last, HFO, CR-Einspritzsystem

13x0.41-80°

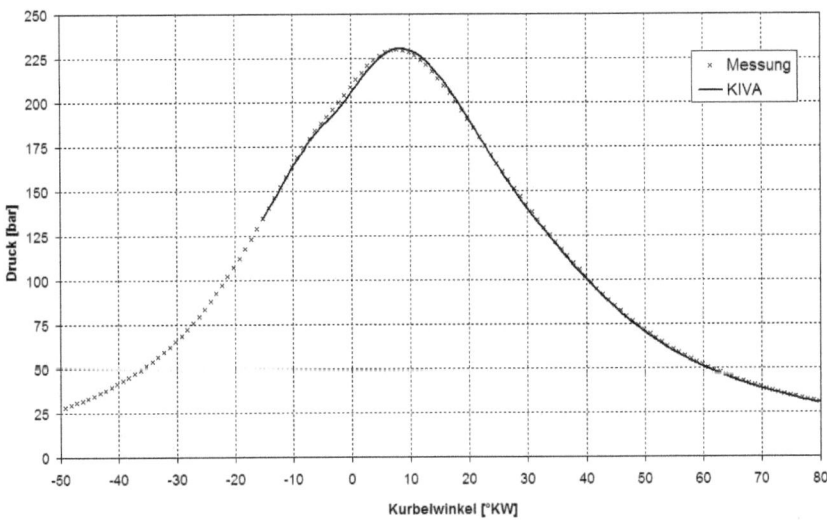

Abbildung A.25: Druckverläufe für Simulation und Messung für Injektor 13x0.41-80° mit 100% Last, HFO, CR-Einspritzsystem

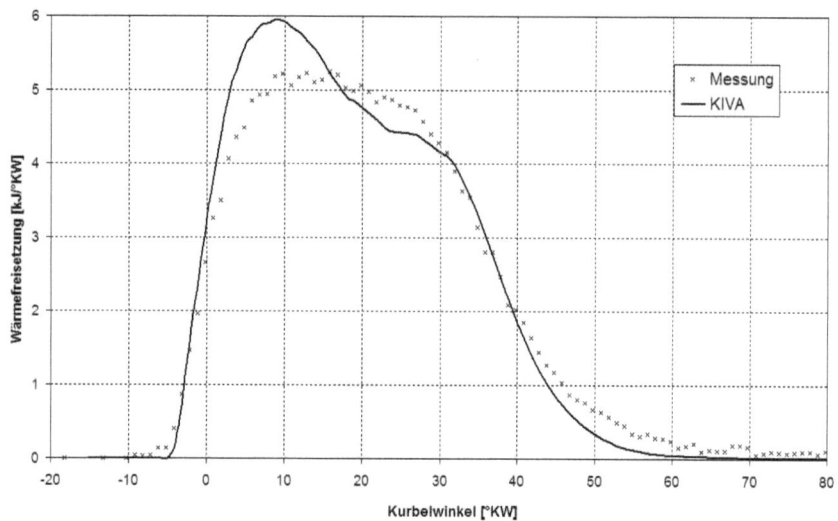

Abbildung A.26: Brennverläufe für Simulation und Messung für Injektor 13x0.41-80° mit 100% Last, HFO, CR-Einspritzsystem

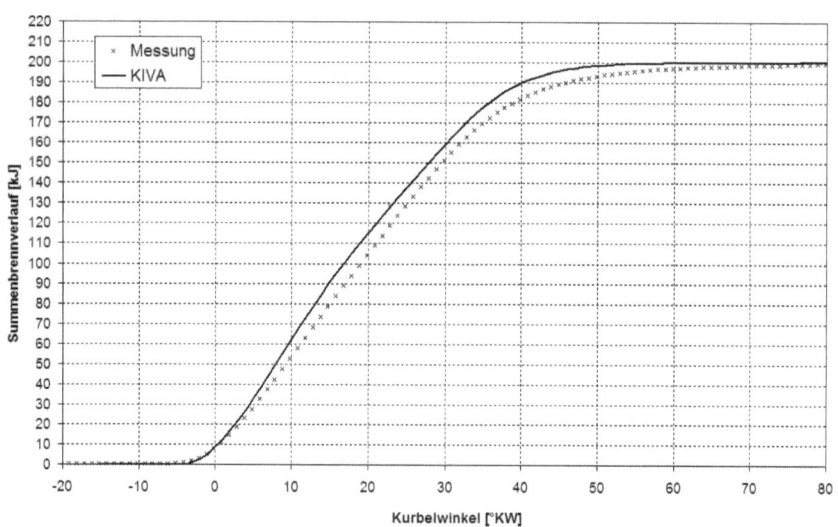

Abbildung A.27: Summenbrennverläufe für Simulation und Messung für Injektor 13x0.41-80° mit 100% Last, HFO, CR-Einspritzsystem

Einspritzdruckvariation

1500 bar

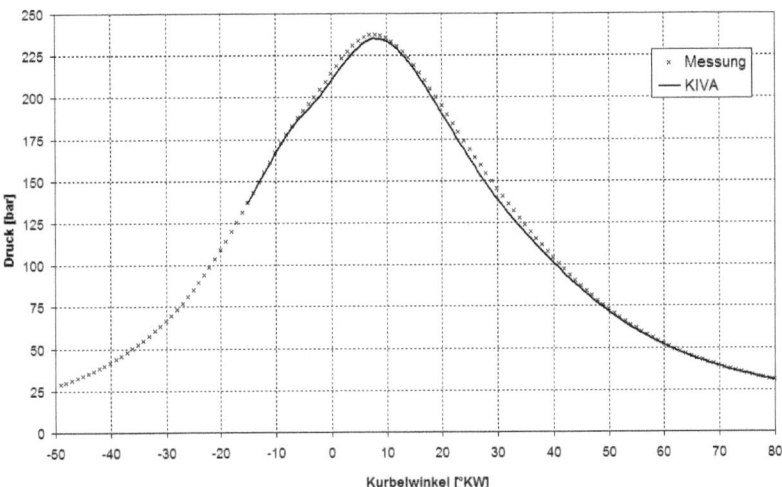

Abbildung A.28: Druckverläufe für Simulation und Messung für 1500 bar mit 100% Last, HFO, CR-Einspritzsystem

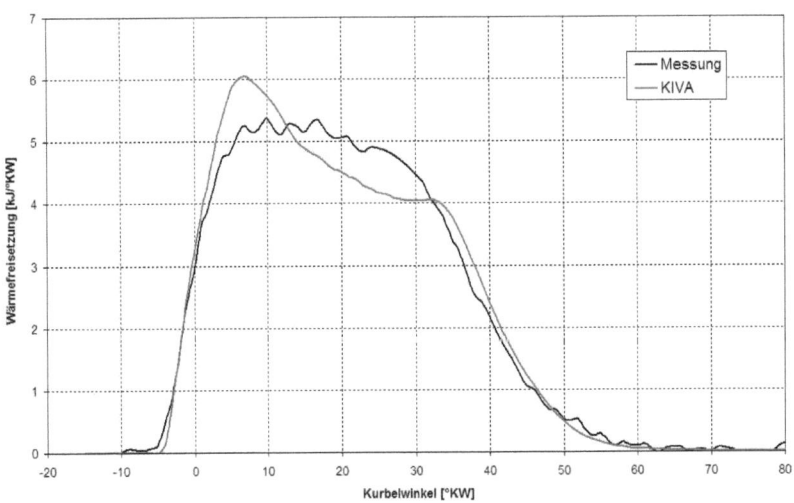

Abbildung A.29: Brennverläufe für Simulation und Messung für 1500 bar mit 100% Last, HFO, CR-Einspritzsystem

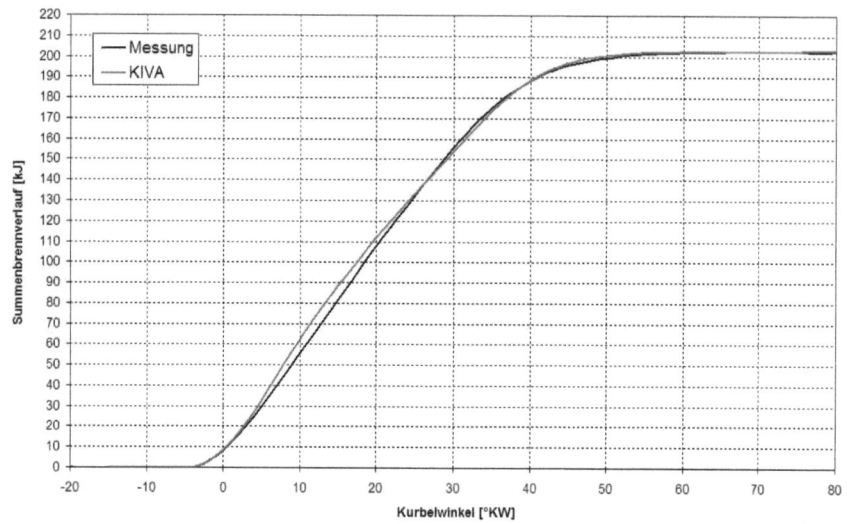

Abbildung A.30: Summenbrennverläufe für Simulation und Messung für 1500 bar mit 100% Last, HFO, CR-Einspritzsystem

1400 bar

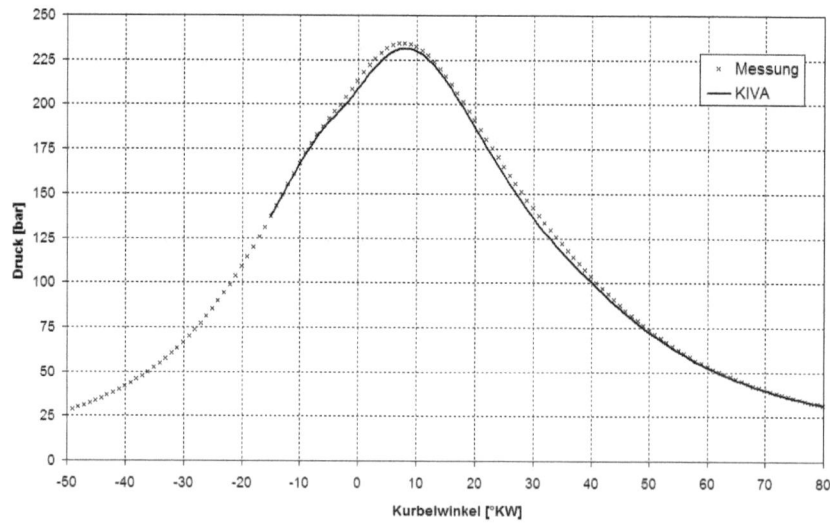

Abbildung A.31: Druckverläufe für Simulation und Messung für 1400 bar mit 100% Last, HFO, CR-Einspritzsystem

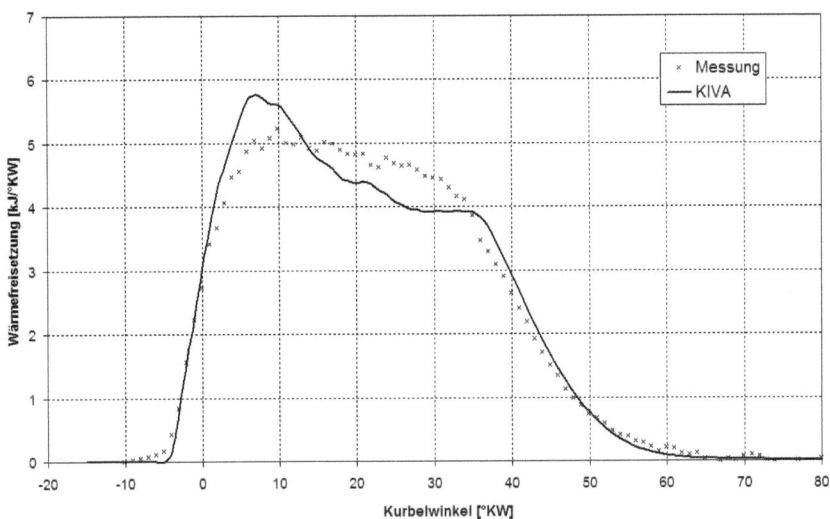

Abbildung A.32: Brennverläufe für Simulation und Messung für 1400 bar mit 100% Last, HFO, CR-Einspritzsystem

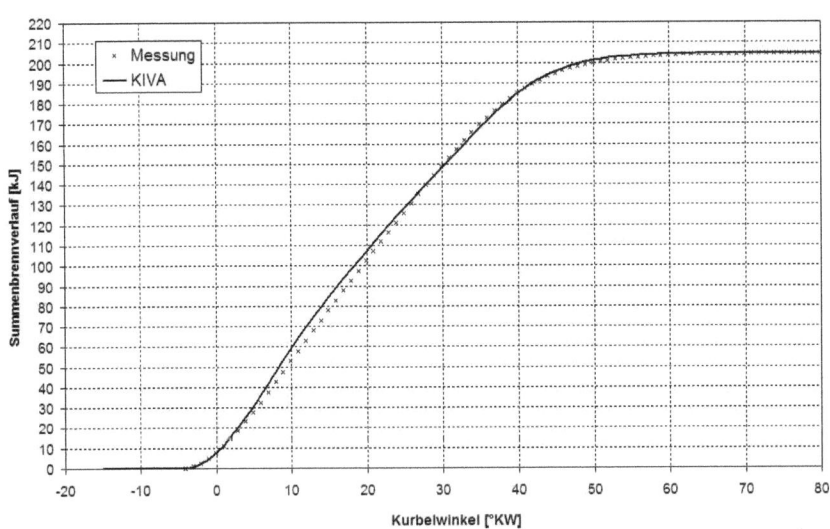

Abbildung A.33: Summenbrennverläufe für Simulation und Messung für 1400 bar mit 100% Last, HFO, CR-Einspritzsystem

1300 bar

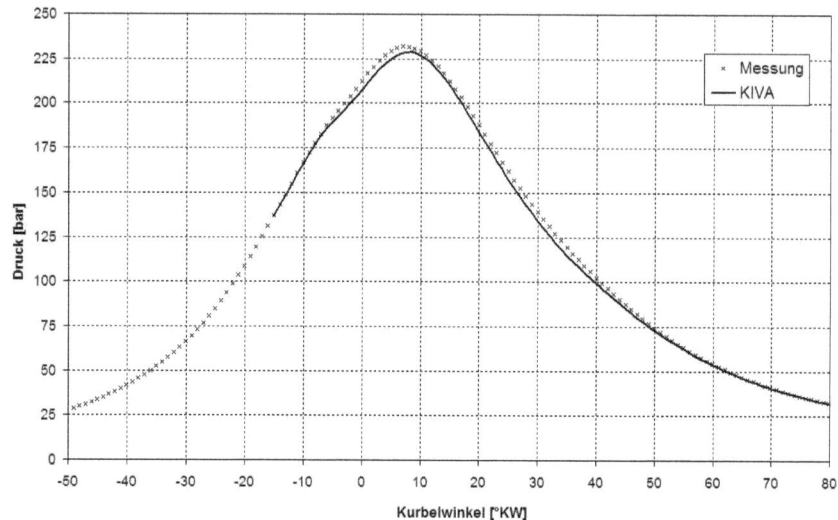

Abbildung A.34: Druckverläufe für Simulation und Messung für 1300 bar mit 100% Last, HFO, CR-Einspritzsystem

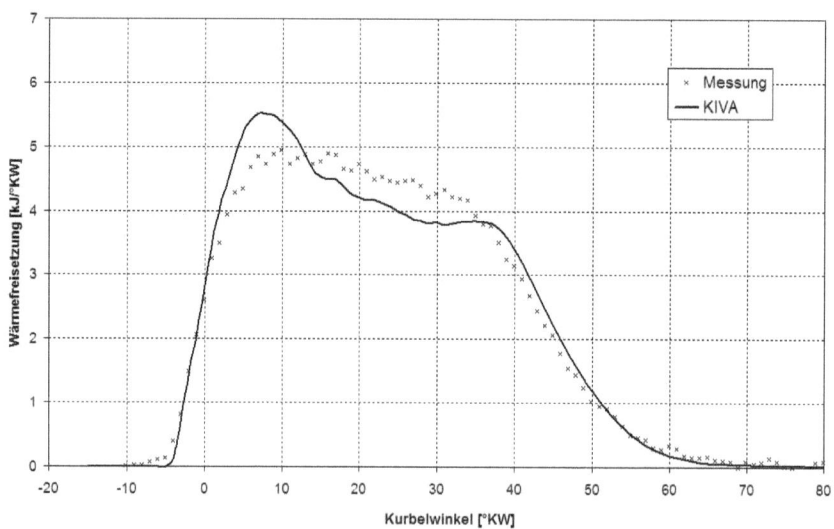

Abbildung A.35: Brennverläufe für Simulation und Messung für 1300 bar mit 100% Last, HFO, CR-Einspritzsystem

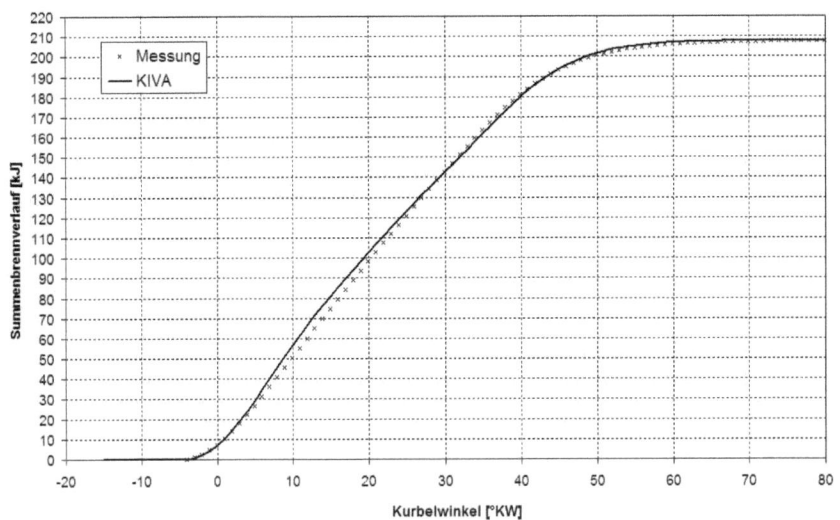

Abbildung A.36: Summenbrennverläufe für Simulation und Messung für 1300 bar mit 100% Last, HFO, CR-Einspritzsystem

Muldenvariation

Mulde A

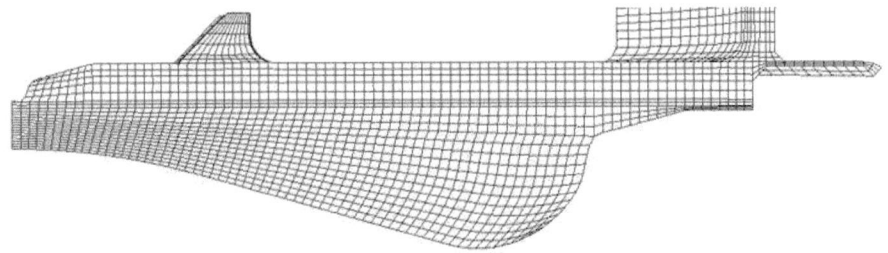

Abbildung A.37: Berechnungsgitter für Mulde A

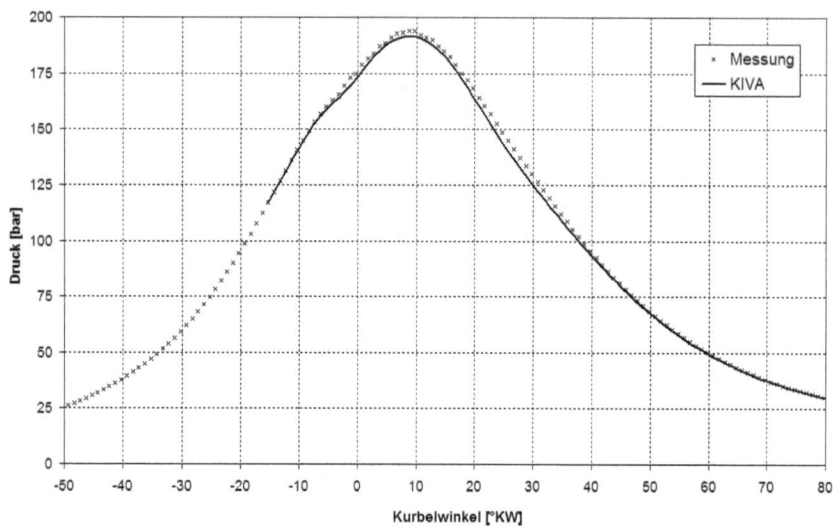

Abbildung A.38: Druckverläufe für Simulation und Messung für Mulde A mit 100% Last, HFO, CR-Einspritzsystem

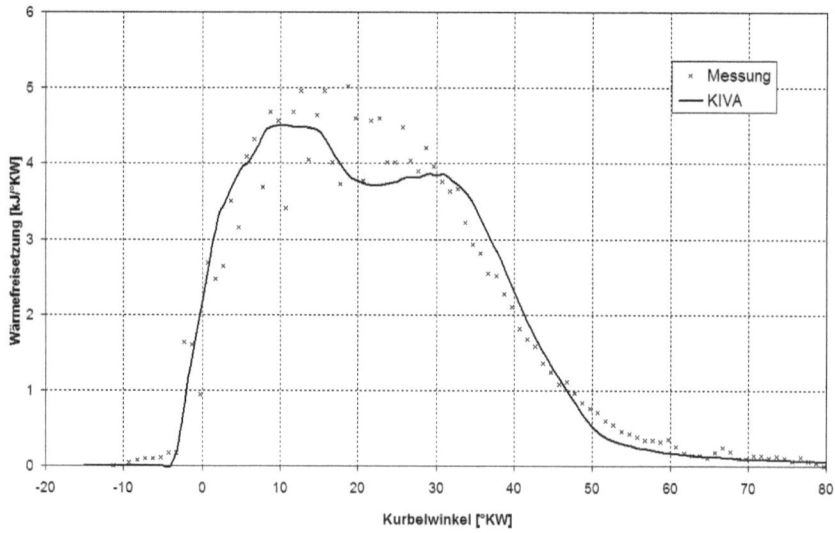

Abbildung A.39: Brennverläufe für Simulation und Messung für Mulde A mit 100% Last, HFO, CR-Einspritzsystem

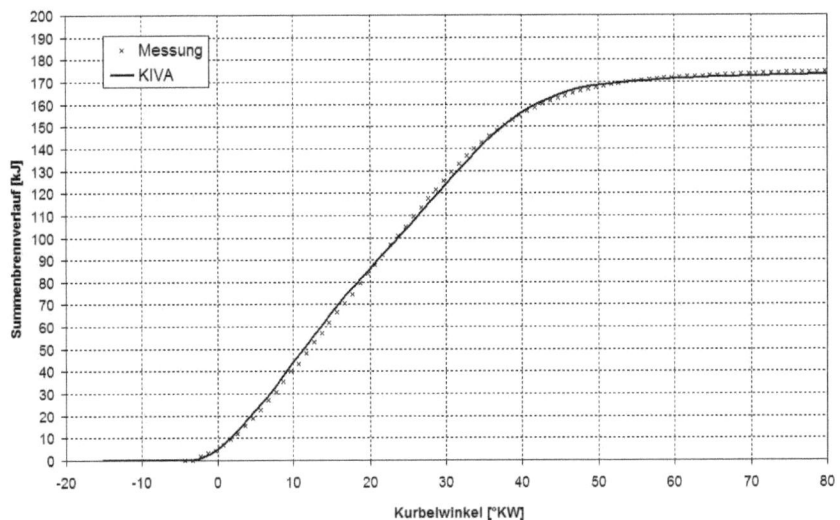

Abbildung A.40: Summenbrennverläufe für Simulation und Messung für Mulde A mit 100% Last, HFO, CR-Einspritzsystem

Mulde B

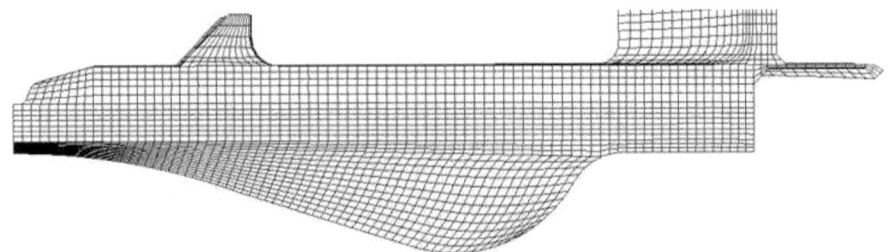

Abbildung A.41: Berechnungsgitter für Mulde B

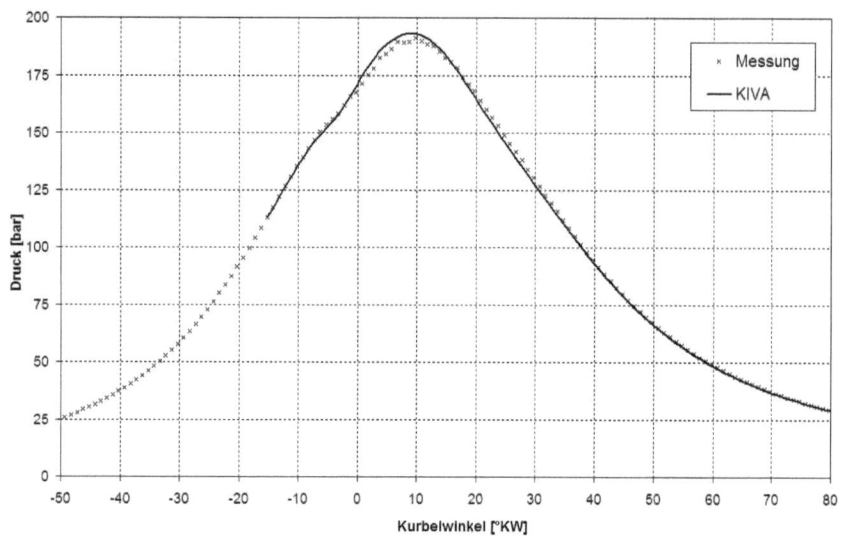

Abbildung A.42: Druckverläufe für Simulation und Messung für Mulde B mit 100% Last, HFO, CR-Einspritzsystem

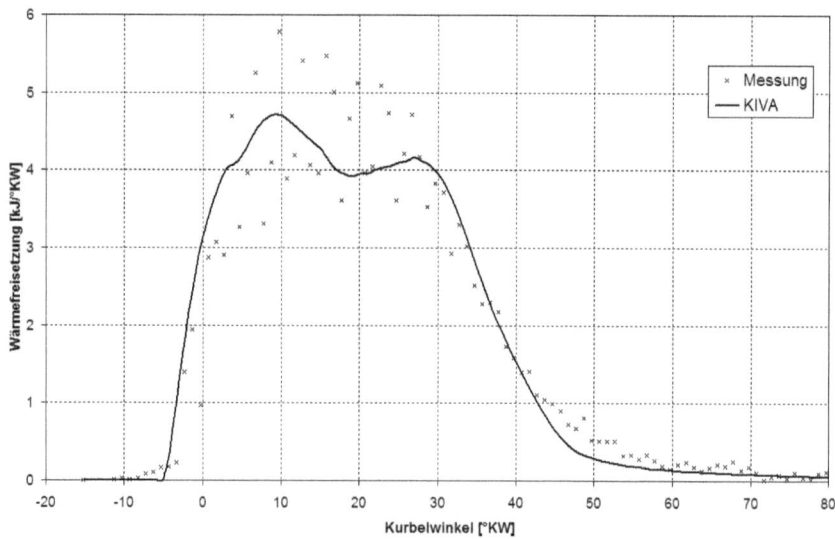

Abbildung A.43: Brennverläufe für Simulation und Messung für Mulde B mit 100% Last, HFO, CR-Einspritzsystem

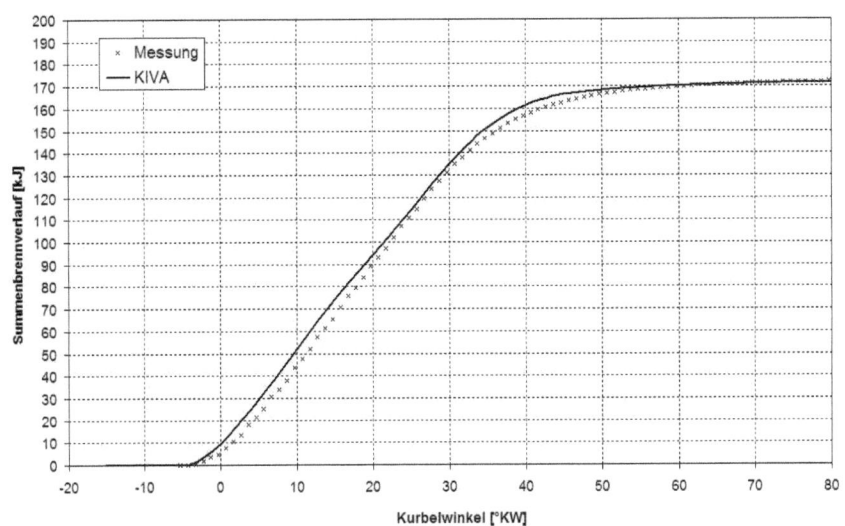

Abbildung A.44: Summenbrennverläufe für Simulation und Messung für Mulde B mit 100% Last, HFO, CR-Einspritzsystem

Mulde C

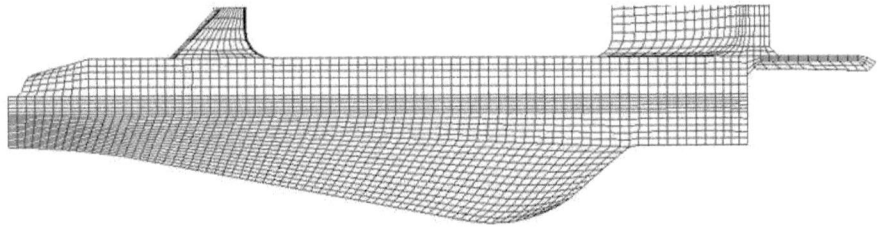

Abbildung A.45: Berechnungsgitter für Mulde C

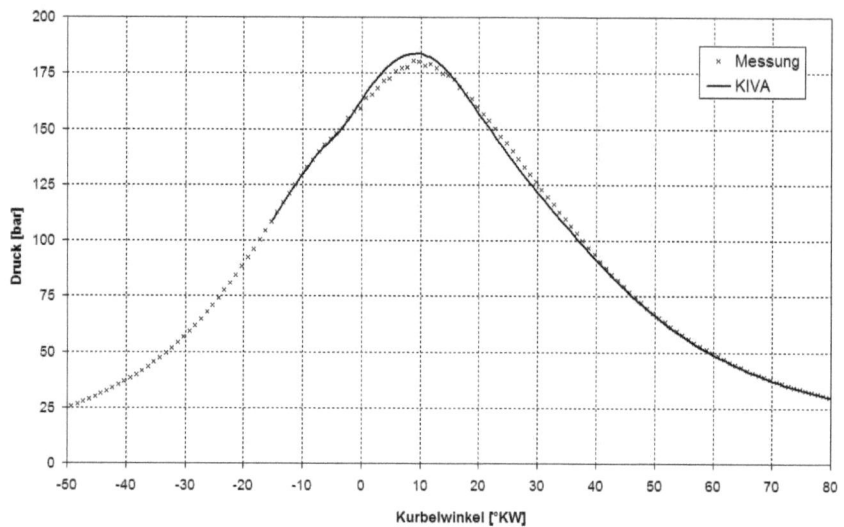

Abbildung A.46: Druckverläufe für Simulation und Messung für Mulde C mit 100% Last, HFO, CR-Einspritzsystem

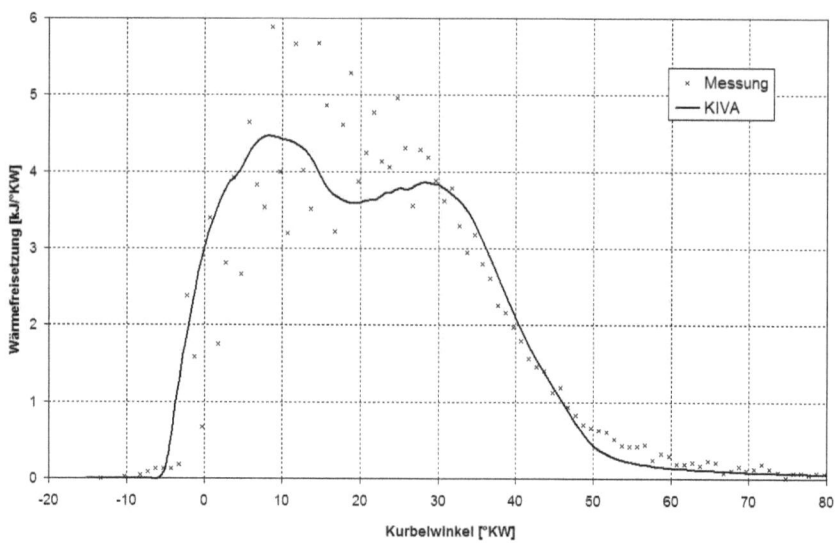

Abbildung A.47: Brennverläufe für Simulation und Messung für Mulde C mit 100% Last, HFO, CR-Einspritzsystem

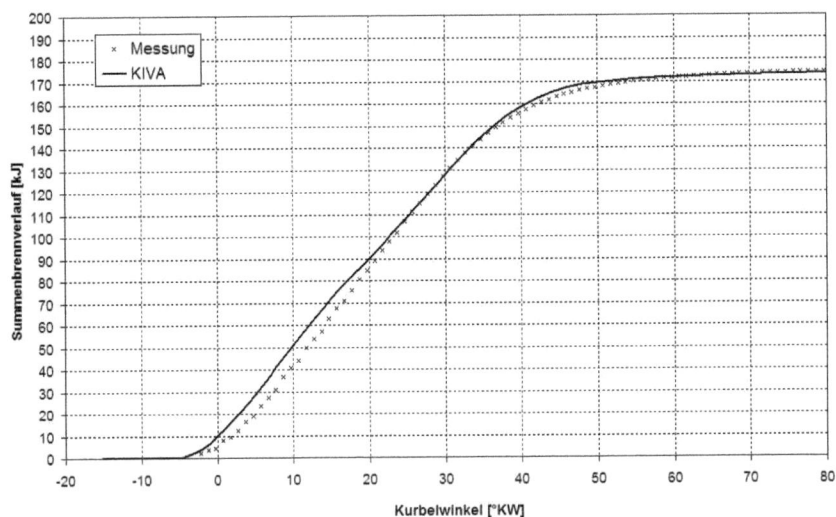

Abbildung A.48: Summenbrennverläufe für Simulation und Messung für Mulde C mit 100% Last, HFO, CR-Einspritzsystem

Die VDM Verlagsservicegesellschaft sucht für wissenschaftliche Verlage abgeschlossene und herausragende

Dissertationen, Habilitationen, Diplomarbeiten, Master Theses, Magisterarbeiten usw.

für die kostenlose Publikation als Fachbuch.

Sie verfügen über eine Arbeit, die hohen inhaltlichen und formalen Ansprüchen genügt, und haben Interesse an einer honorarvergüteten Publikation?

Dann senden Sie bitte erste Informationen über sich und Ihre Arbeit per Email an *info@vdm-vsg.de*.

Sie erhalten kurzfristig unser Feedback!

VDM Verlagsservicegesellschaft mbH
Dudweiler Landstr. 99
D - 66123 Saarbrücken

Telefon +49 681 3720 174
Fax   +49 681 3720 1749

www.vdm-vsg.de

Die VDM Verlagsservicegesellschaft mbH vertritt

Printed by Books on Demand GmbH, Norderstedt / Germany